U0160083

沈阳近代建筑技术的传播与发展

The Propagation and Development of Modern Architectural Technology in Shenyang

刘思铎　著

中国建筑工业出版社

图书在版编目（CIP）数据

沈阳近代建筑技术的传播与发展 = The Propagation
and Development of Modern Architectural Technology
in Shenyang / 刘思铎著 . —北京：中国建筑工业出版
社，2023.12
　ISBN 978-7-112-29228-8

　I. ①沈… Ⅱ. ①刘… Ⅲ. ①建筑史—沈阳—近代
Ⅳ. ① TU-092.931.1

中国国家版本馆 CIP 数据核字（2023）第 186353 号

责任编辑：毋婷娴　焦　阳
责任校对：刘梦然
校对整理：张辰双

沈阳近代建筑技术的传播与发展
The Propagation and Development of Modern Architectural Technology in Shenyang

刘思铎　著

＊

中国建筑工业出版社出版、发行（北京海淀三里河路9号）
各地新华书店、建筑书店经销
北京方舟正佳图文设计有限公司制版
北京中科印刷有限公司印刷
＊

开本：787毫米×1092毫米　1 / 16　印张：10¼　字数：206千字
2023年11月第一版　2023年11月第一次印刷
定价：**58.00**元
ISBN 978-7-112-29228-8
　　　（41754）

前　言

在近代，我国沿袭千年的传统建筑体系发生转型，而这种转型本质上是从传统的木结构建筑体系转变为以近代建筑技术为基础的现代建筑体系的过程。近代中国打开了"闭关自守"的门户，沿袭千年的传统建筑走上了革新的道路，青砖、筒瓦逐渐被红砖、机平瓦所代替，石灰和黄泥的传统黏结方式被水泥混合砂浆所取代，木屋架承重体系被更符合力学原理的三角木桁架结构所替换，钢框架和钢筋混凝土结构实现了大型公共空间的创造，更加快捷和安全的施工方式开始出现，一系列新技术措施改善着人们的生活环境，传统的施工口诀以及师徒相授方式被科学的力学计算和高等院校的建筑技术教育所取代……我国的近代建筑逐渐走向了同世界并轨的现代建筑行列。显而易见，建筑科学技术在推动近代建筑功能、样式、形态等各个方面的转型中起到决定性的作用。中国传统建筑技术能够在近代百年间发生翻天覆地的变化，原因是其并非按照原有进化模式自我演变发展而来，而是在外界因素刺激下，发生了复杂的嬗变过程，外来建筑技术的引进与传播成为决定其转变过程的基础，对这种传播过程的认识是厘清近代建筑技术研究的关键。那么，能否从全新的视角出发，在分析近代建筑技术传播过程的基础上，重新审视近代建筑技术与文化的发展，是本书的切入点。本书希望以个案城市沈阳为例，探索传统建筑技术的近代化过程和外来建筑技术的本土化适应过程。沈阳虽为内陆城市，但特殊的地理位置和历史发展背景，使外来文化的进入形态比沿海开埠城市更加复杂，影响因素更为错综，所以其近代建筑更具有特殊性和典型性。

针对沈阳的近代建筑研究，目前的研究视角主要集中在建筑单体或个案的保护修缮与利用、建筑类型、建筑风格以及生产关系与组织制度等方面，这些成果为进一步开展建筑技术的研究奠定了基础。针对沈阳近代建筑技术的研究成果主要涉及以下几个方面。

（1）典型个案建筑研究中探讨的技术问题

沈阳近代建筑的研究成果以典型个案建筑研究居多，其中对个案的研究中，不同程度地涉及对建筑技术的介绍以及分析，如陈伯超教授在《张氏帅府：沈阳近代建筑发展的缩影》一文总结出张氏帅府建筑群的营造技术、建筑材料以及设备和施工等方面的特点，梳理沈阳老城区官邸建筑发展脉络；薛林平、石玉的《中国近代火车站之沈阳老北站研究》一文涉及对沈阳北站的屋顶结构、细部建筑材料的描述。

（2）历史建筑保护修缮技术研究中涉及的技术问题

在现有的沈阳近代建筑的保护修缮研究成果中，对研究对象的建造技术描述性研究成果较多。如汝军红教授在《近代历史建筑保护导则与保护技术研究》一文中针对所列举的典型建筑从平面布局、立面特色、建筑材料以及结构形式进行解读，在第8章"奉天省咨议局的保护"修缮实例中涉及建筑的砖雕、门窗等建筑细部的修复技术。

（3）对近代建筑物理性能提升技术的研究

作为严寒地区的典型城市，沈阳传统建筑技术中蕴藏着本土工匠们在长期抵抗寒冷环境中积累的丰富的御寒技术措施，当现代建筑技术传入沈阳后，如何解决和适应地域性的气候是建筑技术研究的一个重要的方面。目前涉及沈阳近代建筑技术适应性的研究成果不多，早期有1997年朱松、吕海平两位教授撰写的期刊论文《沈阳近代满铁社宅的防寒措施》，通过实地调研日本在沈阳修建的日式住宅的防寒措施，对建筑物的日照、通风及采暖等方面进行了分析和研究。

（4）从建筑管理体制角度涉及沈阳近代建筑技术研究

建筑技术的推进与发展同该城市的建筑管理体制有着密切的关系，往往政策的变更与倾向会给技术的发展带来很大的影响。如吕海平教授的《另类的现代化：沈阳近代本土工匠和设计师的图纸以及建筑设计表达》与《沈阳近代建筑技术人注册制度初探》分别从管理机构对施工图纸的表达、技术人的注册要求等方面进行研究，呈现出当时建筑技术的发展水平。

从沈阳近代建筑史研究来看，目前前人的研究多侧重于"形态""类型"，而对技术的关注和研究略显不足，所以从建筑技术的传播与发展角度展开研究便于厘清建筑技术史的发展脉络，挖掘其成因与本质。

本书的研究基础主要分为历史资料和实地测绘两大类。对历史资料的收集主要由历史档案类、图书报刊类、口述资料类组成。本书共收集了中国国家图书馆藏书籍和硕、博士论文30册；辽宁省档案馆藏民国档案96卷，日伪档案64卷；沈阳市档案馆藏市政公所档案59卷，建筑图纸涉及44栋建筑，近300张图纸；辽宁省图书馆藏《盛京时报》（1911—1931年），历史书籍《奉天通志》等近25册；民间历史收藏家詹洪阁先生收藏的相关书籍和历史照片；专家及工匠口述资料整理近3万字。这些资料形成了研究和考证的依据。

对现存近代建筑的修缮与实地测绘中的数据调查。作者所在沈阳建筑大学建筑研究所近 20 年收集测绘图纸涉及 35 栋近代文物建筑，修缮报告 8 份，这些宝贵资料为研究打下了基础。同时，建筑材料强度和性能的测试实验促进对近代时期出现的新材料与传统材料展开定性研究的可行性。

本书以沈阳近代建筑技术为研究对象，依托技术史研究方法。技术史的研究不仅仅是针对技术本身，其目的是了解技术及其本质和发展的规律性。建筑技术的研究介于建筑史和技术史之间，在本研究过程中，技术史两大研究观点非常重要：第一，技术不是个体的存在，而是彼此之间，或者同其他过程相联系而存在；技术是一个发展的过程，发展的事物就会有共性和规律，技术史就是挖掘规律的过程。第二，技术是有结构的，任何一项技术都是在一定的技术体系结构下产生，并且任何一项技术的应用又会影响整个技术体系和结构的变化，因此，研究技术发展，就要将技术置入体系中来分析并关注变化。将近代建筑技术作为一个完整的体系系统进行研究，结合协同论的研究方法，不仅展开对具体的技术做法的研究，同时将这些技术作为子系统，通过彼此之间的联系与约束的分析，挖掘在沈阳近代时期某一特定技术存在的原因以及促进其推广与发展的动力，并总结由这些子系统共同形成的近代建筑技术体系的特点和演变规律；这同以往以个体建筑为研究对象的技术研究有本质的不同，本书旨在找寻沈阳近代建筑技术的发展规律。沈阳近代建筑技术的发展呈现"非进化式"特点，沈阳近代时期建筑技术的选择与生命力在不同的城市板块内因为不同的政治需求与经济发展呈现不同的倾向。无论是对西方现代建筑技术的引入方式、强度还是对传统建筑技术的传承都呈现城市板块间的差异性。

由于沈阳近代建筑技术不是传统建筑技术自身的更新与演变，而是在外力刺激下产生的改变，不同文化体系之间的碰撞、融合、提升恰恰是文化传播的过程，所以本书在研究过程中以传播为线索和脉络，这在既有研究成果中是创新性的尝试，目的在于厘清近代技术变革的原因、过程以及结果和影响。利用传播学原理，分析技术在传播过程中的各个构成要素与环节的表现和特征，提出"人"是建筑技术传播的主要媒介，并从不同"人"的来历、职业、学历、从业环境等不同的视角分析建筑技术传播的方式和途径。

本书的研究目的之一是找到沈阳近代建筑技术发展的根源，不仅是表象技术，而是透过现象所反映的事物发展的本质，因此，本书结合社会学与文化学理论，一方面，提出"建筑技术人"是技术传播过程中重要媒介的观点，突出建筑师在建筑技术的发展过程中所起的作用；另一方面，从上层建筑中找寻对建筑技术发展的助力与制约。通过分析处于社会行动网络中的上层团体的政策和策略，挖掘促进沈阳近代建筑技术向科学化与体制化发展的推动力。

百年前古老的沈阳城在原有"轨道"按部就班地运行着沿袭千年的中国传统建筑体系，直至营口开埠，外来文化传入，不同的建筑材料、结构形式、施工设备及施工组织方式、建筑技术教育、建筑力学计算模式、多样的建筑类型与种种全新的技术接踵而来，沈阳传统的建筑技术不得不打破原有轨道和程序，通过不同体系间的碰撞、吸收、交融、并轨，完成技术转型，走上现代建筑技术的道路。分析其传播过程与发展途径主要有两条：其一，外来以西方建筑技术为主体的本土适应性转型；其二，沈阳传统建筑技术的传承与变革。二者通过彼此交融，共同形成独特的沈阳近代建筑技术。因此，本书在分析传播的途径和现象的基础上，找寻其中的碰撞与交融，总结沈阳近代建筑技术的特点，重点关注技术的引入与适应性改变。西方现代建筑技术在内外动力的推动下通过多种渠道传入沈阳，与沈阳传统建筑技术相遇后，出现的主要矛盾有：近代建筑构造同传统技法的共生，建筑施工过程中新设备的使用与组织方式的变化带来的矛盾，以及制度与体制同技术相互影响的矛盾等。通过解决一系列矛盾，逐步完成了现代建筑技术的本土化、传统建筑技术的现代化的转型，从而最终建立一套完整的沈阳近代建筑技术体系，客观反映了沈阳近代建筑技术的特征。

目 录

第 1 章　内外不同背景下的传播动力与发展过程

马克思认为："技术的应用最终是由社会经济关系决定的。"由于沈阳的近代经历了清末、北洋军阀统治、日本殖民统治等多个不同的历史时期，而每一时期又并存交织着复杂的势力范围，不同的势力范围内又因差别的政治目的呈现不同的社会经济关系，从而表现为多样的技术传播路径。因此，沈阳近代建筑技术的传播过程，随着社会背景的不同而呈现差异化的特点。

1.1　外来因素的刺激与影响

18 世纪末，由于第二次鸦片战争以及日俄战争的影响，沈阳逐渐出现以日、俄、英美为主的外来入侵势力。各国列强通过修筑铁路、划定铁路附属地、在商埠地租地建房等多种渠道，抢占东北市场，大量倾销工业品，操纵地方金融和财政，掠夺原料和廉价劳动力，榨取超额利润。在这种彼此竞争、侵占领地、掠夺资源的环境下，西方建筑技术随着入侵的外来势力的进入而传入沈阳。

1.1.1　营口开埠，对外打开东北门户

18 世纪末 19 世纪初，随着西方资本主义的迅速发展，其固有矛盾加剧，为了缓解矛盾，欧美资产阶级迫不及待地要加强对外掠夺和扩大海外贸易，寻找殖民地市场。1840 年鸦片战争，西方列强用坚船利炮打开了中国大门，使中国沦为半殖民地、半封建的社会，造成近代时期文化传播必然是侵占式的、非平等的传播。1858 年 6 月，第二次鸦片战争结束，《天津条约》规定"增开牛庄为通商口岸；耶稣教、天主教士可以自由传教；允许英人在内地游历、通商；在各通商口岸任意租地建房，设立教堂，医院、仓库等"。1886 年，英国领事梅多斯赴牛庄勘查，准备设领事开埠，因牛庄河床淤塞，以洋船难以通行为借口，提出"够就营口，辟设商埠"，即将营口称为"牛庄"，营口成为东北三省第一个对外通商口岸。自此，西方列强通过武力侵占打开了中国东北的南大门。

营口开埠后，在西方列强制定的"文化侵略为先，经济掠夺为后"的殖民政策下，西方传教士作为"排头兵"携西方宗教及外来文化从营口登陆并深入东北腹地，沈阳由于其在

东北的政治、经济、文化、交通等方面的重要性，成为西方传教士聚集和设置东北主教场的首选地。传教士在深入传教、吸纳信徒的过程中，需要设立专门的传教场所，也就是在传教士积极筹备与指导修建适宜的西式教堂建筑的过程中，西方建筑技术随之传入并被本土工匠消化、吸收、转译。

1.1.1.1 低姿态进入，主动迎合策略

面对完全不同于西方的中国传统建筑形式和建筑审美差异，传教士们采取逐步渗透的策略，正如为了更好地被中国人接纳，他们穿中式长袍、长大衣、长礼服；针对建筑，借用中国传统的高层建筑"塔""楼"的形式满足他们对宗教场所的需求。1872 年英国约翰·罗斯牧师在奉天东关修建基督教堂（图 1-1、图 1-2），这座教堂虽然在西方传教士眼里"是一栋完全的中国建筑风格"[①]的建筑，但是在模仿中国传统的塔式建筑的同时，他们本国的建筑要素已经融入其中，如用砖砌筑的外廊、起券的窗和三叶草券的拱门以及能容纳七八百人的大空间……这些建筑上的变化和创新是沈阳传统工匠与西方传教士密切配合的结果。东关礼拜堂的修建改变了传统建筑的施工程序和做法，能工巧匠们不再依据古法的"口诀"与"规制"，而是利用传统的建筑材料，修建出中西结合的建筑样式，建筑技术开始出现了创新。

图 1-1 东关礼拜堂 1
图片来源：沈阳建筑大学建筑研究所

真正进入并定居沈阳的第一批外国人是 1838 年到沈阳传教的法国罗马天主教的神父。天主教堂异于基督教堂，历来重视高耸和脱尘的气度，沈阳第一幢十分壮观与精美的建筑就是小南天主教堂，据文献资料记载和比较，可以看出这座教堂是具有西方传统教堂风格的建筑，十几米的建筑高度和排列有序的尖券展现出西式教堂

图 1-2 东关礼拜堂 2
图片来源：沈阳建筑大学建筑研究所

---

① 据沈阳市人民政府地方志编纂办公室《沈阳大事记》中记载。

的高耸，中国工匠开始尝试用传统的材料和工艺来满足西方传教士对建筑与空间的需求。1876 年英国基督教长老会在沈阳设立了第一所教会中学——文会中学，这也是沈阳第一所西式学校建筑。1887 年隶属英国基督教长老会的盛京施医院正式开业，并修建了一栋崭新的能够容纳 150 人的候诊大厅门诊楼，这是沈阳第一家西式医院。

截至 1882 年，西方传教士在沈阳不仅建有精美的教堂、学校、孤儿院，而且还有神学院和修道院，虽然这些建筑 1900 年被义和团烧毁，但从史料中可以判断出传统建筑技术在此阶段遇到的挑战和创新。当西方传教士逐渐在沈阳站稳脚跟，并形成一定规模后，传统的建筑技术不能满足西方传教士对建筑功能和样式的需求，这种矛盾的出现激发了沈阳近代建筑技术的变革。此时的变革主要是中国传统工匠通过与西方传教士沟通合作主动进行的技术上的更新和创造，这些技术主要应用于教会建筑，并且是基于地方传统建筑材料基础上的尝试与探索。

1.1.1.2　高调宣扬，跻身上流社会

随着八国联军攻占北京和《辛丑条约》的签订，曾被义和团烧毁的西方宗教建筑开始筹划重建。一方面，此时传教士的策略已不同于初来之时所采用的试探融合的外交政策；另一方面，战争的失败改变了清人原有的"天朝大国"心理，外国传教士的地位明显提升，他们通过清政府的庚子赔款、本国教会资助、本国宣讲集资、沈阳官商捐助等多种渠道，筹集了足够的资金在原址修建其所推崇的本国风格和样式的建筑。此时西方传教士基于他们对建筑的理解指导本地工匠，不仅绘制设计草图，甚至根据需要开始自制建筑材料。当时，最为典型的建筑实例是盛京施医院及南关天主教堂。

1906 年初，盛京施医院的创建人英国传教士、医学博士司督阁医生邀请英国皇家陆军医疗队医院建筑设计专家麦克费森上校，指导盛京施医院的重建。建筑木材采用的是进口美国的松木，水泥是由中国唐山生产的"波特兰水泥"。1907 年春，建筑投入使用。医院门诊楼是一座两层砖木结构建筑，二层为助手和药剂师专用的办公空间，并且门诊楼拥有一个明亮的、通风条件好的现代化手术室；还有能够同时容纳 60 位患者入住的三个病房。到 11 月，全部建筑工程竣工，共有 110 张病床。从历史照片（图 1-3、图 1-4）可以观察到，此时室内已经开始安设现代取暖设施，散热器安设在走廊，悬挂在侧墙端部，进出水管沿地铺设。病房开间大、进深小，房间横向跨度大，三角木屋架，砖墙承重。开窗的尺度增大，开始采用质量上乘的玻璃和西洋五金件，而且房间双侧开窗，便于通风换气，设计中充分考虑医疗建筑的特性。

1905 年后沈阳重建的教会建筑中，规模最大、最具影响力的莫过于南关天主教堂（图1-5）。南关天主教堂最初由 1838 年第一批进入沈阳并开始传教的罗马天主教神父主持修建，

图 1-3　盛京施医院走廊
图片来源：《奉天三十年（1883—1913：杜格尔德·克里斯蒂的经历与回忆）》一书

图 1-4　盛京施医院的一间病房
图片来源：《奉天三十年（1883—1913：杜格尔德·克里斯蒂的经历与回忆）》一书

图 1-6　1900 年前的南关天主教堂
图片来源：沈阳天主教教会提供，作者翻拍

图 1-5　南关天主教堂外部
图片来源：沈阳建筑大学建筑研究所

图 1-7　法国神甫梁亨利
图片来源：沈阳南关天主教教会提供

该建筑也是沈阳第一幢西式建筑，由记录残损状态的历史照片（图 1-6）可以识别出修建之初的规模与样式。南关天主教堂 1900 年被义和团焚毁，1908 年法国主教在原址重建，1912年竣工。该教堂由毕业于法国巴黎大学的神甫梁亨利（图 1-7）设计，建筑面积 1100m²，面宽 19m，进深约 54m，塔高近 40m，可容纳 1500 人，是一座典型的法国哥特式风格建筑。教堂由沈阳传统的青砖砌筑，青砖外露，没有外饰面，内部空间是由西式的连续列柱、尖拱券、

图 1-8　南关天主教堂内部
图片来源：许芳《沈阳旧影》

图 1-9　法式砌砖法
图片来源：作者自摄

图 1-10　南关天主教堂板条抹灰
图片来源：沈阳天主教教会提供，作者翻拍

图 1-11　南关天主教堂顶部
图片来源：沈阳天主教教会提供，作者翻拍

束壁柱及四分拱构成韵律感极强的大空间（图 1-8）。该建筑是西方外来技术与本土技术融合的产物，砖墙采用的是法式砌法（图 1-9），四分拱工匠们采用是木构吊顶（图 1-10），建筑材料使用的虽然是沈阳本土的青砖，但是在梁亨利指导下根据设计规格单独烧制而成（图 1-11）。

此时的教会建筑不同于 19 世纪末的简单模仿与拼凑，而是出现根据功能需求与类型的专门化设计，建筑设备与材料的引进促进了本土建筑技术的发展。

1.1.2 修路划地，俄国建筑技术传入

1898 年沙俄强迫清政府签订《中俄旅大租地条约》，允许俄国修筑中东铁路南满支线。9 月 1 日，又签订《东省铁路公司续修南满支路合同》，沙俄夺得在铁路沿线开采林木、矿产资源及在内河、沿海航行等特权。

1899 年，沙俄中东铁路奉天段开始修筑，俄国势力入侵沈阳。俄国以铁路为依托划定 $6km^2$ 土地为"铁路用地"，归俄国人管理。自 1903 年中东铁路全线通车，俄国人在铁路用地开始建设工程，俄国工程师将相应的建筑技术传入沈阳，其主要体现在：

（1）俄国建筑的保温技术

由于俄国部分地区地处西伯利亚，气候寒冷，所以俄国建筑有较强的保温技术，随着铁路的修建，这些技术也传入沈阳，给中国传统建筑技术带来了新的挑战。首先，建筑墙体构造不同。从 1899 年俄国在沈阳修筑的俄式"茅古甸"[①]火车站（图 1-12）中可以考证，作为中东铁路的四等小站，该建筑加厚的砖墙转角、厚重的砖墙墙体以及深而细长的开窗方式都体现了俄国建筑的保温设计。其次，基础防冻技术。俄国在沈阳建设铁路附属地的时间较短，兴建的建筑主要集中在沈阳外城与"茅古甸"火车站所在道路之间，即被称为"十间房"的地方（图 1-13）。这些建筑以沈阳当地的青砖建筑技术为基础，在房屋的四周设有排水系统、外墙设有防水层、建筑考虑节能防冻等特殊构造。这些防寒保温技术，如地板和顶棚中分别加约 5 寸[②]厚的土或炉灰做隔层的做法被日本在满铁附属地建设中继承和推广。

（2）新结构与新材料

俄国在沈阳修路架桥，特别是在桥梁的修建上突出体现了新结构的优势和新材料的

图 1-12 "茅古甸"火车站
图片来源：许芳《沈阳旧影》

图 1-13 1902 年修建的俄式建筑
图片来源：许芳《沈阳旧影》

---

① 满语"谋古敦"的音译。

② 1 寸约为 3.33cm。

图 1-14 浑南大桥 1
图片来源：由民间收藏家詹洪阁先生提供

图 1-15 浑南大桥 2
图片来源：许芳《沈阳旧影》

特性。1902 年 8 月，俄国修建了跨越浑河的浑河大桥（图 1-14、图 1-15）。该桥全长 829.2m，共 23 个孔，孔距 33.5m，科学的桁梁结构，辊轴支座，桥墩基础入土深度为 12m，基高 24.84m，墩台为浆砌石料。1903 年俄国工程师又修建了沈阳第一座钢筋混凝土双孔铁路、公路立交桥——北陵立交桥。由于俄国修筑铁路路线长，同时又需要建设铁路附属地，工程量大，在修筑过程中绝大部分工匠为雇佣的中国工匠，俄国工程师负责技术指导，这使中国工匠有机会接触到全新的建筑材料和施工技术，如钢筋混凝土施工技术。

虽然此时期的老城区，仍然延续着传统营造方式，但是通过俄国铁路的修筑和铁路附属地的建设，俄国的建筑技术沿着中东铁路传入沈阳，沈阳工匠不再是"道听途说"，而是真正地从俄国工程师那里开始了解和学习先进的建筑技术。虽然这种学习是被迫的，不同于为满足西方传教士的建筑要求而采取主动的探索式的创新和尝试，但的确是最快速的提升路径。

1.1.3 日俄战争，日本掌控南满支线

1905 年日俄战争后，俄国将旅顺、大连地区的租借权和长春至大连的铁路及其一切附属权全部"转让"给日本，原俄国在奉天租借的铁路用地也全部"转让"给日本。1906 年 4 月，"南满洲"铁道株式会社成立，1907 年 7 月 1 日，"满铁"在奉天设立"出张所"（翌年改称事务所），并将原铁路用地称之为附属地，即"奉天南满铁路附属地"。

1.1.3.1 建设定位促进新技术的引入

满铁附属地作为日本侵华、掠夺中国资源的重要基地，在建设之初，不仅得到日本本国政府的政策和经济支持，而且为留住和吸引日本移民，使中国东北地区甚至国际资金与资源流向满铁附属地，高投入、高标准地大力发展满铁附属地成为日本政治扩张的重要手段。

针对满铁附属地的发展定位，满铁从日本本国源源不断地派出各种考察团、投资团来沈阳参观，吸引投资，作为城市发展的先行者建筑业更是如此。《盛京时报》曾记载"日技师来满视察——据闻日本外务省建筑课技师西奈甚太郎为视察南北之建筑事业，于昨十九日乘安奉车来奉寓某旅馆当于日内视察各处之建筑一等竣事再行北上云"，"建筑参观团去奉——东京大阪建筑家组织东大建筑参观团一行十四人于三日来奉旅馆所有奉天之建筑胜迹如东陵北陵宫殿庙宇城垣分日参观兹已竣事于六日由奉去安东转道回国云"。从中不难看出日本本国建筑师对中国东北的关注。

作为满铁附属地的最高权力机关，"满铁株式会社"在其成立之初设有负责建设铁路附属地内市政、土木、教育、卫生等必要设施的配套建设的官方机构——满铁建筑课。其具体承担该区域的土地建设与管理，如市街设施（市区计划道路、桥梁、上下水道、公园、市场等）；卫生设施（医院、疗养院、卫生研究所、细菌检查所等）；教育设施（学校、青年训练所、图书馆等）；警备设施（消防所、市街照明等）；产业设施（农业设施、商业设施等）的建筑项目。

满铁建筑课的成立标志着日本官方对附属地的建设正式开始，同时也标志着日本现代建筑技术成规模、成体系地传入沈阳，熟悉和掌握现代建筑技术应用的建筑师、工程师，甚至日本工匠也随之进入沈阳，此时，沈阳工匠在满铁附属地的工程实践中积攒着施工经验。从最初的老城区技术创新，商埠地模仿学习，到满铁附属地实践中"偷师"，反映出在不同的政治背景下，建筑技术传播途径与渠道的不同。但无论何种方式，满铁附属地的建设为沈阳近代建筑技术同世界现代建筑技术并轨起到了技术引进与刺激作用。

1.1.3.2 "如火如荼"的大规模建设推动技术传播

沈阳满铁附属地的大规模建设主要集中在几个时期：第一波是建设初创期，此时，日本本国财力积极支持。第二波高峰期是1918—1919年，由于受第一次世界大战影响，欧洲各列强因战争被迫将注意力转移回本国，而无暇东顾，这加剧了日本对中国的经济侵略。但随着沈阳商埠地的发展和奉系军阀第二次直奉战争后休养生息，大力发展民族工业和城市建设，使满铁附属地的经济受到影响，建设项目也因竞争迅速呈现下降趋势。直到1926年，随着满铁附属地地界的扩张，又带动了第三波建设。

这些建筑主要分为五类：第一类是火车站和行政办公建筑。奉天驿，满铁投资建设的第一个高等级火车站（图1-16），该建筑由满铁建筑课建筑师太田毅设计，1908年始建，1910年竣工，是当时有"满铁五大站"之称的满铁主要车站站房之一，并且是规模最大的。建筑占地1273m²，建筑面积1785m²，砖木混合结构。新站舍建筑共二层，一楼为大空间的通高二层候车室，二楼附设旅馆，设有直上式宽大楼梯，楼上楼下均可直达站台。地面、楼梯为水磨石饰面，室内墙面白色瓷砖与马赛克饰面。站舍正中屋顶为大半圆形铁皮穹顶，四周有 12 个圆窗，穹顶为深绿色。外墙面为红砖勾缝清水罩面，其建筑工艺与艺术达到当时国内甚至日本的先进水平。第二类是由满铁直属经营，为铁路运营提供配套服务的旅馆、医院、邮局等公共建筑。满铁从 1907 年开始在各附属地建设邮政建筑，1908 年建立奉天满铁医院，1910 年，奉天大和旅馆竣工。这些建筑绝大部分为砖混结构，外观模仿欧洲古典式、巴洛克式风格，造型美观、坚固实用。第三类为住宅建筑。根据所属关系，其一是由满铁、关东厅投资兴建的社员职工和驻军家属居住的住宅，其二为附属地内出租的土地，由居住在附属地内的中、日商人个人出资建设住宅。第四类则是文化、教育设施。为了满足附属地内日本人对文化上的需求，并借此扩大

图 1-16　奉天驿
图片来源：许芳《沈阳旧影》

图 1-17　七福屋百货二楼茶餐厅
图片来源：《满洲建筑杂志》1934 年第 6 期

日本的文化侵略，满铁在各附属地内投巨资修建各种文化教育设施，主要包括图书馆、博物馆以及中小学校等。第五类是工商业建筑。附属地内近代化的市政设施、便捷的铁路交通，为满铁在附属地发展近代工商业创造了良好的条件，在 1910 年前后，陆续兴建工商业相关的基础设施。从 1918—1920 年，日本在沈阳新设的工商金融企业达 77 家，其中有"南满制糖""满蒙毛织""满蒙纤维"等较大的工业企业和"朝鲜银行""东洋拓殖"等金融机构。

　　附属地内有大量的日式住宅和多幢具有日本与欧美建筑风格相结合的商业建筑。1906年，日本人在中山路建成"七福屋"百货店（图 1-17），地上五层，地下一层，是沈阳最早的大型百货店建筑，也是沈阳第一座钢筋混凝土框架结构建筑。1916 年日本在铁西开办"南满洲"制糖株式会社，这是日资在沈阳早期建立的大型工厂，也是沈阳第一个现

代工业建筑。

总之，沈阳满铁附属地在建设之初即展开了大规模开发建设，并且建设项目主要由日本官方和财团所垄断，因此建筑技术成体系有计划与准备地引入，无论是建筑材料与设备，还是建筑设计与施工工艺都是在西方建筑学体系下的建筑技术的引入与实践。并且由于西方建筑技术引入日本后进行了地方适应性转型的过程，所以日本建筑师再将建筑技术引入沈阳时，也能够在原有技术的基础上，结合沈阳的地域气候与环境，推进建筑技术的地方适应性变革。

1.1.4　商埠地建设，多元技术融合与提升

1906 年，清政府依据中日、中美签订的《通商行船续约》，在沈阳老城区与南满铁路附属地之间开辟商埠地。1908 年在奉天交涉公司附设办公处，办理有关商埠地的一切事务。同年开始官方向私人贷给土地。

沈阳商埠地的土地所有权和控制权归中国地方政府，税收和租金都由地方政府确定，所以商埠地的土地是以出租方式分为年租和永租，地块根据地理位置和配套设施划分等级，中国人与外国人同样按章程管理。这样沈阳商埠地出现中外混居、以经济实力和背景划分地块的局面。商埠地形成的背景与管理方式促进了中外文化的交流和互融，建筑技术也相应出现多元的融合与飞跃式发展。

（1）建筑技术近代化的时间短、速度快

随着商埠地的建设，外国商人进入沈阳，开店建厂、倾销商品、掠夺原料、输出资本。商埠地的人口，据开埠初期的 1909 年统计，只有 1616 户，5869 人，其中外国人 451 户，690 人。到"九一八"事变前已发展到 35691 户，172438 人，其中外国人 691 户，2438 人。从数据中可看出沈阳商埠地 20 年的建设吸引更多的中国人在此居住、生活，其中的吸引力正是因为它的开放与繁华。城市建设上，商埠地开辟经路 24 条，纬路 37 条，另有八卦路等计 64 条马路。在这块土地上，兴建了各国式样的建筑物以及豪华的公馆。各国领事馆均建在商埠地界内。外国经营的企业相继建立，特别是 1922 年张作霖扩建兵工厂后，外商企业迅速增长（表 1-1）。自此，中外交流频繁，建设项目涵盖各种建筑类型。城市快速的发展，短时间、大量的建筑项目，促进了沈阳近代建筑技术的快速近代化，在沈阳商埠地出现不同于沈阳老城区的中西建筑技术稳步过渡的建筑技术转型时期，它使工匠们在短时间内即掌握了新结构、新材料的施工技巧，并在实际项目中迅速成熟，这为专业建筑师的出现和顺利地指导工程项目奠定了技术基础。

在商埠地内的外商情况 表1-1

国别	企业数 / 个	资本金	职工数 / 个
日本	163	261665 元	501
朝鲜	131	119993 元	495
美国	10	6314190 元	117
英国	6	500555000 元	635
德国	14	4143000 元	75
俄国	6	1211000 元	36
法国	2	50000 元、银 6500	27

注：据《奉天市外商营业之调查》，美国的美孚行、慎昌洋行两家无限公司的资本金未统计在内。

（2）新技术、新设备改变传统的生活模式

1908 年，总督赵尔巽把商埠地分为三界，即正界、附界、预备界。正界区位于商埠地中心偏北地段，东接老城区西邻满铁附属地，是商埠地最先发展的区域，符合现代城市建设模式以及相应健全的配套设施。格局顺应原有城市肌理，由不规则的斜方格网道路划分出街坊。东西向道路称"纬"，南北向道路称"经"。各国领事馆均设在正界范围内，城市设施配套齐全完备，也成为商埠地城市配套设施最健全的区域。《盛京时报》曾记载："商埠局测量马路——商埠局为便利交通，计拟将西边门外之土马路，律改修石子马路，以免阴雨时行路不便，是以特派委员何某等于昨六日往各经纬路测量以备将来动工云。"便利的交通，完善的城市配套设施，使这个区域迅速发展起来。逐渐地，外国贸易、银行、商号、公司等建筑相继沿街兴建以及后期南市场的开辟，使正界成为沈阳经济贸易最为繁华的区域。在1906—1912 年间，正界中最主要的建筑类型是各国使馆建筑及外商经营的工厂、洋行以及一些中国商人的同乡会馆、军阀与官绅的洋房和公馆等。良好的城市配套设施使沈阳改变了传统的日出而作、日落而息的生活方式；改变了入门上炕取暖，出门脚踏泥泞土道的生活方式；改变了打井取水，信息闭塞的生活方式。总之，人们正通过生活的点点滴滴感受近代化带来的生活质量的改变和科技带来的便利。

（3）西方建筑技术体系的引入

在商埠地最早修建的是各国驻沈阳领事馆建筑。1906 年日本、美国、英国、德国、俄国先后在商埠地设奉天领事馆（图1-18），因为领事馆建筑代表了领事国在沈阳的对外形象，所以各国均委派优秀的设计师设计出较高水平、有特色的领事馆建筑。所以此时的建筑不同于沈阳老城区里通过传教士和俄国工事传入的建筑样式和技术所建造的西式建筑，它们是沈阳第一批真正展示本国形象与国力的建筑。日本的领事馆（图1-19）于 1906 年 5 月 26

图 1-18　沈阳领事馆建筑
图片来源：根据 1917 年沈阳地图与《沈阳旧影》历史照片整理绘制

日开设，当时租借了在奉天城内清朝将军左
宝贵的旧宅，1909 年 2 月 17 日奉天日本总
领事馆向日本外务省提出了新建馆舍计划，
"当地各国领事馆都有了新建馆舍的计划，
并选定了建筑用地，只有日本使馆尚未确定
是否新建"。奉天总领事馆收集欧美各国
领事馆情报，并向外务省汇报"欧美各国领
事馆舍的工程费用都在 12 万至 13 万日元，

图 1-19　日本领事馆
图片来源：西泽泰彦《日本近代渡海的建筑家》

希望奉天总领事馆新馆舍的工程费 15 万日元，以便超过欧美"①。于是由日本本国经验丰富
的建筑师三桥四郎设计并担任工程监理。工程由大连的加藤洋行工程部以 204000 日元承包。
三桥派技正 ② 西山通雄和技士 ③ 关根要太郎来奉天担当工程监理，高冈又一郎施工。

　　奉天日本总领事馆建筑群由居中的二层砖木结构的"本馆"和周围的厅舍、办公室围
合而成，另外还设有宿舍、监狱、佣人宿舍和车库等。建筑师充分考虑到沈阳冬季寒冷而漫长，

① 山口淑子，藤原作弥．李香兰：我的前半生 [M]．北京：解放军出版社，1989．
② 官名。清末于各部设艺师，辛亥革命后改称技正，掌技术事务，以有专门知识及特别技能者充任。
③ 技士，是低于工程师的技术人员职称之一。

所以在设计时建筑师将厅舍、事务所和本馆并列连接在一起。并且在"本馆"建筑中把连接门厅、接待室、食堂的外廊扩大到可以散步的宽度。领事馆建筑外墙裸露红砖是受安妮女王时期样式影响的"辰野式"建筑。当时沈阳建有日本人经营的红砖厂,购买和运送红砖较为方便。

在沈阳商埠地内,为了保证城市天际线的统一和城市有序发展,商埠局制定了严格的建筑高度和建筑布局标准,要求各土地租买者必须严格依照章程使用土地。其中规定在城市主要街路两侧,楼房不得低于三层,同时外墙面要有统一风格的装饰。商埠地内法国汇理银行奉天支行、同泽俱乐部、汇丰银行奉天支行等建筑迅速修建。汇丰银行,1930 年由景明洋行设计,1932 年竣工。银行平面为三角形,钢筋混凝土结构。建筑坐落在高大的台基上,室内外高差约 2m。建筑为折中主义的立面形式,总高约为 22.8m,比例均衡,建筑外立面分别在一层、四层设置线脚不仅增强了横向联系,而且突出了三段式构图,特别是转角入口立面在中段设有通达二层、三层的两根标准爱奥尼柱式,外柱廊两侧向外突出,增强建筑气势,丰富了立面造型。

银行为地上五层附有半地下层的建筑,一层以对外营业为主,辅以办公及食堂。自正门进入楼内,是 L 形的营业大厅,营业大厅高约 6.5m,大厅内用柱来承重,解决跨度问题,主入口处柱距约为 5.4m,两侧约 4.2m,柱间梁上用石膏作花纹饰面。大厅内结合柱子用柜台分隔公共空间活动区和银行内部营业区。

二层以上是办公、各种凭证库房及技术用房。层高约为 3.3m,标准层办公室采用在走道两边设置房间的布局。办公室内分隔墙为有饰钉的隔墙,办公室与走道的隔墙为半砖隔墙。建筑的门窗及地板用的是进口材料,如坐落在主楼北侧的餐厅窗户,就是采用俄勒冈州松木制玻璃窗户。

银行内部各室内地面因使用功能各异而采用不同的建筑材料,如营业大厅中顾客活动的公共区域用陶瓷锦砖铺地,内部营业区为细工橡木地板,经理室则为橡木席纹地板,一般办公室为木地板,进入金库的走道地面为混凝土磨光地面,金库则为钢筋混凝土地面。

汇丰银行建筑采用先进的结构形式、材料及设备。砖石外墙选用红砖砌筑,并且局部使用钢筋混凝土框架结构,一层营业大厅内设有钢筋混凝土柱。楼板为密肋木楼板并架空地板,其中楼面的木肋及板分别支承在钢筋混凝土过梁及砖墙上。地下室金库更是现浇钢筋混凝土,达到坚固、防盗、防震的目的。

汇丰银行的垂直交通系统位于建筑的两端,两部木质并且封闭的楼梯间,以满足防火、疏散要求。除此以外,还装有自动抽水卫生设备,散热器等取暖设备,其中电梯的使用更是沈阳建筑设备近代化的里程碑。

（4）国外设计与施工团体的进驻

由于商埠地提供给外国人居住与经商的特权，到沈阳"淘金"的外国投资者希望能够满足他们西方生活方式，无论是建筑的样式还是室内空间和设备。同时随着西方文化的进入，沈阳本地的军阀、贵族崇尚西洋文化，特别是看到外国人的洋房以及现代生活的配套设施，更是积极效仿。这样商埠地内不仅是外国人的办公、住宅建筑，许多东北的达官贵人，也在这里购地建西式洋房和公馆。市场的需求促进了建筑业的迅速发展，外国人的建筑设计打样间、施工队伍、建材商店纷纷进入沈阳商埠地。成立于1927年的宝利公司，其法人是德国柏林人马克斯，公司承揽各种建筑楼房的设计、土建、铁工、洋桥等工程，公司聘用巴立随为工程师。马克斯在奉天作为土木工程师、建筑师和承造人，设计建造了钢筋混凝土结构的兵工厂各式厂房，兵工厂工务处白处长公馆、吴晋公馆及其住宅等，同时设计了辽宁省立第一师范学校建筑。

从马克斯在沈阳的从业经历中可看出，国外建筑师不仅承担建筑设计工作，而且承担了建筑施工、设备安装、建筑监理等一系列的工作。中国本土工匠通过实际工程最直接有效地学习建筑施工技术以及建筑材料的性能和特性，从而进一步促进建筑技术的传播和推广。

（5）外资现代工业建筑对建筑技术的推进

随着商埠地的开发，外来殖民势力进入沈阳，他们修建工厂，输出资本、技术，倾销剩余产品。他们在沈阳商埠地修建西式工厂。建于1907年的奉天英美烟草公司（图1-20），主体三层，开间18m，进深37.2m，内部为露明铁屋架的大空间，上覆巨大四坡顶，清水砖墙结构，在外墙壁柱上伸出内部的铁构件节点。墙体随开间开设大玻璃窗，采用支摘式开启方式，成为沈阳近代工业建筑的先例（图1-21）。随着西方科技进入沈阳，现代科技大机器生产完全改变了传统小作坊式的生产方式。不同的生产线、生产工艺对工业建筑提出了与

图1-20　奉天英美烟草公司1
图片来源：民间收藏家詹洪阁先生提供

图1-21　奉天英美烟草公司2
图片来源：民间收藏家詹洪阁先生提供

其他建筑类型完全不同的要求。需要满足大机器使用要求的高跨度空间、适宜生产的采光和通风条件、特殊的生产工艺等建筑要求都促进和刺激了建筑技术的更新与发展。因此，现代工业建筑的出现是沈阳建筑技术近代化的标志性特征之一，影响沈阳老城区民族工业和奉系军阀军事工业的萌芽与发展。

（6）成熟、先进的建筑团体聚集地

随着社会的变革和市场的需求，由于商埠地的开放、优惠政策以及大量的设计项目，建筑师从传统工匠中分离出来成为高级技术执业者。当时规模相对较大、构成体系相对成熟的建筑公司选择在沈阳商埠地开业。以商埠地南市场为例，以南市场为中心聚集的建筑公司就有：多小公司、四先公司、阜成公司等，这些建筑公司均聘有专业的建筑师，以阜成建筑公司为例，阜成建筑公司在当时的建筑市场地位较高，从《盛京时报》①公司招揽生意的广告中可窥见一斑："本公司集合巨资承揽建筑：中西新式楼房、屋宇、亭、阁、洋灰铁筋、堤岸、桥梁，工项聘有优等专门工程师、绘图技师。专能设计、测量、筹划、估算。价值正当，构造精良，历年研究，大有经验于建筑工程上。具有六大特色列后，希惠顾诸君垂察为幸：纯用北满长方木料尺寸务求足实特色一；专用硬土砖瓦及日本最上等红砖特色二；工坚料实计划周至不劳雇主费心特色三；价格公道恪守合同并不悔约求益特色四；大小工程刻期告竣不至逾限拖延特色五；保固期内随时修葺决不藉词推托特色六。"可见，建筑公司招揽业务依靠的正是新材料、新技术，随着业务的增多，阜成建筑公司开设分公司，又在《盛京时报》中刊登新闻："又设一建筑公司：商埠开关以来，建筑事宜日益繁多，阜成建筑公司应时而起，已著相当之成绩，兹有前公园委员熊季襄氏联合同志筹集资本，又在十一纬路南首组织一大新建筑公司，专事包修楼房、住宅、花园、库房、暖气管、自来水、马路等一切工程云。"从该广告中也可看出当时的建筑公司承担业务之广泛，涉及建筑设计、施工、材料、设备等与工程相关的方方面面。如四先公司在北市场附近建有四先公司材料厂，专为该公司提供建筑材料。

商埠地形成多个建筑公司聚集在同一区域的局面，用经济学原理分析，说明商埠地建筑公司形成"正外部性"商业发展，不仅表明建筑市场在整个商品运营中的地位，同时证明其已形成成熟、稳定的需求市场，建筑团体的建立和聚集有利于建筑市场的良性发展，刺激建筑技术赶、比、超的更新速度和竞争意识，使建筑技术在面对市场竞争和需求中快速发展。

---

① 民国十三年五月二日《盛京时报》记载，作者由繁变简，加注标点。

1.1.5 殖民统治，工业城市迅速建设

1931年9月18日，沈阳沦陷，此阶段的城市建设进入日本掌控的殖民建设模式。

为了满足掠夺性"开发建设"的需要，日本将沈阳定位为伪满洲的工业基地，从此拉开大力开发建设殖民工业之城的序幕（表1-2）。1933—1939年，日本在铁西区约2万余亩[①]土地上，建成233家工厂，如三菱机械株式会社、电线株式会社、麦酒株式会社等（表1-2）。此时建筑业是在日本人垄断下展开的，日本人建造大量工厂、机关、商店、旅馆、住宅，现代化结构及施工技术被广泛运用。

为实现沈阳作为工业中心城市的建设，"大奉天都邑计划"中规划在沈阳满铁附属地西侧兴建铁西工业区。对铁西区的规划建设主要集中在两个时期：① 1932—1937年，早期设计与运作实施阶段。1934年，铁西工业区的分区平面图完成，此时规划工业用地为312.2hm²，始建工厂46家，至1937年规划中的工厂多数已建成投产。② 1937—1941年，集中建设时期。1937年日本发动全面侵华战争，战争导致财力吃紧。为了弥补这种入不敷出的财政情况，日本关东军被迫开始允许财阀进入东北市场[②]。因此，人口众多、交通便利的沈阳吸引日本各大财阀纷纷进入投资建厂。同时由于1937年后日本关东军开始实行全面发展军工业、飞机、汽车和化学工业等有关的工业项目的政策，使1937年、1938年沈阳的建设经费骤然增加。至1941年12月，铁西已发展为占地1419hm²的大工业区。

1939年1月沈阳铁西区工厂数（单位：个）　　　　表1-2

工业名称	已投产	建筑中	计划中	总计
纺织	5	2	3	10
冶金	30	7	9	46
机械	15	6	12	33
化工	10	12	12	34
窑业	5	3	2	10
木材加工	8	0	3	11
食品	15	1	1	17
其他	19	5	6	30
合计	107	36	48	191

---

① 1亩约为666.7m²。
② 日本关东军为了防止自由资本经济对军部计划经济的反对，曾制定禁止日本财阀进入伪满洲国的经商。

铁西区的工业建筑普遍采用钢筋混凝土框架结构，混凝土、水泥、砖瓦、玻璃、涂料、钢材、门窗厂及建筑机械等工厂陆续涌现。新材料的生产确保新结构、新技术的实施。

此时的沈阳公共建筑普遍采用了框架结构体系。层数增高，规模变大，功能向综合性迈进，沈阳近代最高及规模最大的建筑是 1938 年设计、1940 年竣工的平安座（图1-22）。它是一个具有综合性功能的新型剧院建筑。内部除了影剧院外，还设有图书、科技、文化娱乐、排练厅等。最高层为八层，有一层地下室，总建筑面积为 9336m²，为钢筋混凝土框架结构，是纯粹的现代主义建筑风格。

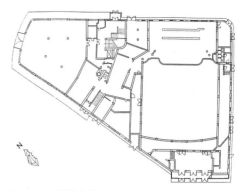

图 1-22　平安座平面图
图片来源：沈阳建筑大学建筑研究所

由"满铁"工事课设计，1937 年建成的满洲医科大学大礼堂（图1-23、图1-24），在厅堂的声学处理及视线设计方面，显示出不凡的技术水平。礼堂总面积达 8154m²，内设两层看台，采用了 12cm 的视线升高差，保证礼堂的视线良好。外饰面材料面砖随着在日本本国的推广而迅速发展。白色、浅黄色、黄褐色、深褐色的面砖饰材在 20 世纪 30 年代非常盛行，尤其是浅黄色面砖，盛行于整个东北地区。这再一次证明日本设计及施工组织对建筑市场的垄断。垄断促进了建筑材

图 1-23　满洲医科大学大礼堂

图 1-24　满洲医科大学大礼堂内部

料的普及和推广，更是导致建筑发展模式统一的主要原因，也形成了 30 年代各色面砖交替流行的显著特征。

1941 年日本发动太平洋战争，需要大量建筑材料。因此，1941—1945 年间，除了军用建筑得到畸形发展以外，其他建筑活动几乎停止，建筑技术在延续 20 世纪 30 年代的基础上，没有突破和发展。

1945 年日本"二战"战败，1946 年国民党进驻沈阳，在这期间，建筑业几乎处于停滞

状态,市场需求决定发展,因此在此阶段建筑技术也处于衰落状态,直至1948年末沈阳解放。沈阳的建筑技术近代化迅速发展时代随着建筑业的萧条而暂告结束。

1.2　本土内部的变革与推进

1.2.1　君主立宪,政府变革封建帝制

1.2.1.1　战后重建——城市近代化转型

随着战争的失利和社会矛盾的加剧,清政府开始加紧各种新政改革,如废科举、兴学堂、修铁路、办实业,改革中央和地方的管理体制和官制。1907年3月,东北实行省制,改原来的盛京将军为"东三省总督",总督公署下设承宣厅、咨议厅,设立奉天省以取代原来的奉天府。改制后,盛京城老城区一些官廨衙署也发生相应变化,如西式风格的东三省总督府是这一时期典型的建筑代表。1905年日俄战争后,清政府派赵尔巽为盛京将军,他引进西学,积极改良,1905—1907年,在其两年的任期里,为战后沈阳重建打开了良好的局面,沈阳的经济迅速恢复。在推进改革的过程中,他积极关注教育,一改传统的私塾教育模式,推行公立学校,原本沈阳只有一所由基督教传教士建立的基督教艺术学院,但也因战争遭到破坏。而此时沈阳同中国其他内陆城市相比,与国外往来频繁,对现代科技的需求更加迫切,这为他推行教育改革打下社会基础。盛京将军创立了沈阳第一所中国人自己的中学,同时还创建了奉天女子师范学院等多所学校。盛京将军创立了沈阳第一份报纸《中国日报》,随着这些现代教育制度的引进和文化传媒的介入,沈阳无论是城市风貌还是管理体制都进入近代化转型阶段。城市铺设了简易的碎石路,压路机和洒水车已经开始投入使用,随着市政环境的改变,交通工具也发生了变化,俄式无盖四轮马车在当时已经非常普遍,国外封闭的四轮马车也已经成为官员们主要的出行交通工具。最大的变化是千百年的中国传统日落而息的生活模式随着路灯的安装而改变。1905年沈阳首次成立了奉天警察署,出现了维护社会治安、指挥城市交通兼管兴修马路及兴办卫生事宜的警察,并在历史上第一次颁布了有关城市卫生方面的法律,伴随着沈阳多个第一次,沈阳的建筑类型和建筑技术也有了很大的进步。

1.2.1.2　政治体制改革——"自上而下"的变革

1907年清政府改革官制,盛京将军由总督代替,曾选作清政府出国考察宪政代表大臣的徐世昌接任东三省总督,徐世昌推荐曾留学美国的唐绍仪接任奉天巡抚。他们在执政的两年时间里展开了一系列改革措施,此阶段的沈阳发生了巨大的变化,并且为接下来几年的持续发展奠定了基础和确定了方向。政治上,设立行省建署,改革政治体制;经济上,整理金

融财政，兴办工业商业。设立银行，开设商埠，聘用洋员，引进外资；外交上，借英美之势，遏制日俄；民生上，大力推行现代教育……一系列改革措施促进了沈阳经济的发展，总督的政治倾向为西方文化在沈阳的迅速传播奠定了基础，加快了沈阳老城区"近代化"的进程。这一阶段从沈阳近代建筑技术的发展上来看，也是突飞猛进迅速发展的阶段，体现在沈阳老城区新型建筑类型的出现以及为实现这些建筑而应用和创新的建筑技术。最突出地体现在官式建筑上，原本千篇一律的将军衙门不见了，取而代之的是两层的现代政府办公楼。1906年，东三省总督徐世昌宣布开始筹办奉天省咨议局。1910年新建建筑竣工并投入使用。奉天省咨议局的中心建筑是议场大楼。高高隆起的圆形穹顶、建筑中央的议场大堂、两侧高起的三角形山花、八根爱奥尼柱两两相叠形成的二层柱廊、皆以拱形开洞的门窗，充斥着巴洛克风格的装饰，南北两座辅楼的对称式布局，彰显着其不可逾越的政治地位，同时透射出模仿当时欧洲市政厅建筑样式的印迹（图1-25）。建筑地上二层，砖墙承重，屋面采用的三角形木屋架的西式两坡顶，又称为人字形屋架（图1-26），这种屋架形式同中国传统抬梁式屋架比较造价较低、工期短、施工速度快，而且用材节约。奉天省咨议局采用的是单柱桁架；屋顶采用同中国传统小桶材不同的西式6cm×8cm的长方木铺设檩，檩上斜钉楔形厚板用来加固，檩上直接加板；外挂洋铁瓦上刷黑铅油；在承屋架的墙体上，用砖砌筑壁柱，加强墙的承载，这是沈阳最早出现经过力学计算的三角屋架之一。这类官式建筑，在当时宏伟壮丽，并且一改我国传统建筑通过群体空间组合及尺度对比等手段来达到宏丽效果的设计手法，突出刻画建筑个体、建筑形式上的意义更重于空间上的意义。在这类官式建筑的营造过程中，工匠们将洋风建筑立面的具体处理手段及获得的营造上的经验，推广到公共建筑及商业建筑中。这种影响是早期宗教建筑所不能比拟的。它意味着对于西方的影响已由被动地接受，变为自上而下主动吸收。官方立场的改变使社会风气开明起来，同时这类西式建筑的营造活动为工匠们学习西方建筑技术提供实践的机会。可以说，西化的官式建筑为中西建筑文化的交

图1-25　奉天省咨议局建筑群
图片来源：许芳《沈阳旧影》

图1-26　咨议局南屋面屋架
图片来源：作者拍摄

融创造了社会基础与物质基础。

　　除官式建筑之外，建设重点还有银行、学校等公共建筑。例如"奉天大清银行"（图1-27）前身为清政府户部银行。它位于老城大西门内大街，采用在当时来说相当宏伟壮丽的洋风建筑形式。建筑三层，中央是波形曲线山花，刻满华丽的卷曲花纹，两侧是六边形带有穹隆三层高的塔屋，门窗亦均采用圆拱券，立面各层砖砌形成连续的水平线脚。

　　自1901年废除科举，兴办学堂以来，各类学校被建设起来。当时沈阳建立有师范学校、科学学院、法律学院、军事学院、农业学校、工业学校、外语学校。在沈阳规模较大的"省立东关模范两等小学校"（后改名为省立第一初级中学校）始建于1909年，1910年竣工。由门房、两栋教学楼及一座礼堂组成。礼堂夹在两栋教学楼之间，坐北朝南，形成两进院落。建筑群均采用青砖砖木结构，外廊式建筑形式。教学楼为两层清水砖墙建筑，整体为青砖，局部在拱券式木门窗上面饰有红砖砌窗罩，墙面上亦有红砖的砌饰。上下两层木构外廊，尽端有木构覆顶的外楼梯各一座。阳台栏杆为米字形与花瓶形装饰两种，低缓的坡屋顶两侧设有封火山墙（图1-28）。

　　民族资本主义和商业的发展，带动了老城区的城市建设，市政设施的发展同时促进了商业的繁荣，商业发展与建筑发展相辅相成，官方对西方文化的推崇，促进了大众对其的效仿热情。这种改变很大程度上是由于先进技术在城市建设中的应用。首先，在对外交通上，铁路的修建，增加了人口的流动，再加上关内人口的大量移入，加强了文化的传播，必然促进器物层级的发展，建筑技术作为物质的保证，迅速得到近代化。同时，市政设施的引入，如路灯、街路的修筑，良好的城市风貌，稳定的经济状况等吸引了外来人的投资和定居。

　　清末的沈阳，民族资本的近代工业开始起步，出现机器生产的工厂，如烧锅、榨油业；商业资本的活跃，又使各种钱庄、票号、茶园、商店脱胎于旧有建筑类型演化成新的建筑类型。

图1-27　奉天大清银行
图片来源：许芳《沈阳旧影》

图1-28　省立东关模范两等小学校
图片来源：许芳《沈阳旧影》

此阶段的建筑技术已经不像早期单一地由外引入，而是萌生了对外探求和模仿创新的欲望，西方三角形屋架已经展示了其省材、快捷的优势，传统的结构形式被更具有生命力的砖木结构所取代；建筑材料通过红砖混砌的方式，体现本土技术人员对新材料的认知与理解以及创新应用。

1.2.2 军阀混战，奉系谋求实业扩展

1911 年辛亥革命爆发，清政府被推翻，东三省由奉系军阀控制。张作霖在东北趁乱起家，任奉天督军兼省长，力图称霸东北。1918 年，张作霖任东三省巡阅使，成为名副其实的"东北王"。奉系军阀以东北为根据地，沈阳成为其政治、军事、文化中心。此时相对于军阀混战不断的关内，关外具有相对安定的发展优势。"作霖治东北凡十三年，值中原多故，直鲁豫三省连岁灾浸，视东三省为乐土，每年襁负来者，络绎不绝"[①]。张作霖受"中学为体，西学为用"思想的影响，重用知识分子，花重金培养掌握外国先进技术的人才。1929 年皇姑屯事件后，受过高等教育的张学良执政，他采取"调整东北三省的文武机构，裁军屯垦，整顿金融，发展事业，大力兴办教育"[②] 等一系列行之有效的发展政策和策略，休养生息，发展经济。

1.2.2.1 奉系军阀以沈阳为中心，统率东北

奉系军阀在沈阳通过同日本的对抗与竞争，积极发展地方军事工业、民族工商业、文化教育事业，并且在此时期，代表民族工业的西北工业区、奉海工业区开始开发建设。社会的进步与经济的发展必然促进和带动城市建设和建筑业的发展。

（1）政治上：重视人才，中日对抗

辛亥革命后，沈阳成为奉系军阀的政治中心。在奉系军阀首脑张作霖统治东北期间，奉天省省长王永江力谏"开明内政，把东北治理好，发展经济，振兴实业。东北富强起来，人自然要来投靠，地盘可以不扩自张"[③]。在这种治理理念指导下，张作霖关起门来搞建设。经过两年多的休养生息，东北基本上恢复了元气，经济发展，财政状况好转。

在沈阳，与奉系军阀抗衡的另一股势力即日本帝国主义。从张作霖率部队进关以后，奉系军阀与日本的矛盾日趋尖锐，甚至达到不可调和的地步。"皇姑屯事变"后，张学良接管奉系，国仇家恨，更是大力发展建设沈阳，同日本展开明争暗斗的经济竞争，这样在奉系

---

① 金毓绂.张作霖别传 [M]// 中国人民政治协商会议吉林省委员会文史资料编辑委员会.吉林文史资料选集：第 4 辑.长春：吉林人民出版社，1983：235-248.
② 同上
③ 同上

军阀"问鼎中原，驱除日寇"的政治梦想下，沈阳进入城市建设的黄金时期，特别是奉系军阀为了能够同日本竞争，大力推行西方先进的设备与技术，吸收培养先进的人才，这为西方先进的建筑技术的传播提供了渠道和途径，是一次"自上而下"的技术引入。

1912—1931 年，沈阳先后建起引进应用与推广新建筑技术与材料的东三省兵工厂、奉天迫击炮厂、奉天纺纱厂、东北大学、中山大戏院、奉天边业银行、奉天国际运动场等建筑。在沈阳四平街、南北市场等繁华地带，各种商号、药店、剧院、民宅也陆续被建设起来。这一时期，沈阳的民族建筑产业也相应地发展起来，"九一八事变"以前，民族建筑业发展到10 多家，如著名爱国人士杜重远，在张学良的支持下，创办了肇新窑业公司，初期年产砖瓦 8 万块，此外还有 50 多家小窑业公司。这一时期，建筑技术的主要特点是：注意建筑功能和节约用地以及朝向、通风和采光、隔热、防潮等；在结构上，改变了历代沿袭的以砖瓦、木、石为主要材料的木结构、砖木结构、砖石结构，普遍采用混凝土和钢筋混凝土结构；由木构承重改为砖墙承重和预应力大型屋面板等；在建筑装饰上，屋脊装饰倾向简化，外墙装饰开始采用水泥拉毛、腰线；门窗口、檐口采用水泥粉刷、水刷石、嵌大理石等材料；门窗多为券拱式；柱廊、内墙饰采用高级粉刷，地面铺地面砖或木地板，利用高级材料作为墙板、墙裙。随着近代城市建设的快速发展，沈阳的私营建筑公司和营造厂也应运而生，到 1930 年已发展到 75 家，由此产生了一大批掌握近代施工技术的建筑工人。

（2）经济：以工为主，以商养军

早在明代时期，沈阳城的经济地位就很重要。它当时是东北地区的物资集散地之一，是辽东几处马市贸易补给地。经济地位也是努尔哈赤迁都沈阳主要考虑的因素之一。据《清实录》载，努尔哈赤认为："沈阳形盛之地……且于浑河、苏克苏浒河之上流伐木，顺流下，以之治宫为薪，不可胜用也。时而出猎，山近兽多，河中水族，迹可捕而取之。"可见其物产的丰富。定都沈阳后，出于建设国家的需要，清政府进一步推动沈阳经济发展，手工业、商业及各项贸易非常繁荣。但随之而来的一次大搬迁——清政权入关，使盛京宫阙一度冷落、街市萧条，再加上"封禁政策"，使这种消极低速发展持续近十年，随着关内大量移民进入东北，特别是清政府在沈阳设立奉天府，后来又加设承德县以后，其经济开始复苏并又有了新的发展，再次成为东北经济中心。

虽然沈阳自古就有良好的经济发展基础，但是甲午中日战争和日俄战争使沈阳的经济一度陷于瘫痪和退步，奉系军阀统一东北后，通过鼓励实业，大力发展民族工业，促进经济的发展，特别是民族军工业的发展，在全国无论是规模还是设备都是首屈一指，为现代工业建筑技术的引入创造了必要条件。

张作霖大力扩建兵工厂，军工建设更需要专门人才，所以张作霖培养兵工人才、大量购买德国机器，在沈阳建造了号称"东方第一"的兵工厂。由于张作霖重用新派人物，曾提出"奉人治奉"的口号。在他的大力扶植之下，民族工业开始得到迅速发展。1922—1926年四年间，沈阳创办的官办私营企业多达四百多家。除了工业外，他同时注重发展公用事业，鼓励市政建设；与德国魏德公司合办电车厂，并修筑了自西北城角起至大西门止的电车路线，促进沈阳的交通发展；同时致力于举办修路、栽树、建公园等福利事业。1926年后，在民族工商业的蓬勃发展下，城市快速近代化，城市建设亦有较大发展。主要是开辟三个地区，即大东新市区、西北工业区和秦海工业区。

经济基础决定上层建筑，繁荣的经济状况，广阔的市场，集聚的人口……这一切都吸引着国外的冒险家和国内的投资者，也为随之而来的建筑技术在沈阳的迅速传播提供经济支持。

（3）交通：以轨代船，陆争水运

经济与城市的发展与对外交通体系的建设密不可分。东北地区的海岸线集中于辽宁省，旅顺、营口、葫芦岛等地的海港建设与航运的发展，使这里成为东北地区的出海口和交通集散地。

外来势力不满足于控制中国沿海和内河航运，从19世纪50年代末期起，开始在中国修筑铁路，在中国东北最早出现的是由沙俄建设和经营的中东铁路和南满支路。1903年通车时，形成了"T"字形格局的两条铁路贯穿整个东北三省。其建成和通车，直接带动了沿线节点城市哈尔滨、长春、沈阳和大连的繁荣和发展。与此同时，利用铁路又将沿线发现的大量蕴藏丰富的矿区开辟为新兴的工业城市。

1905年后，日本夺得了中东铁路南满支线的铁路权，又借资给中国修建了吉长、四洮、洮昂、郑通等多条铁路，控制了东三省的铁路运输权。在此刺激下，北洋政府在东三省兴起了官商合办建设铁路运输以应对日本的运输垄断，并着手修建了连接三省省会间的奉海、吉海、京奉、大通等多条铁路。到1931年，东北已经形成了各主要城市间相互连通的铁路运输网络。

在铁路出现以前，内河航运因运载量大、成本低，是东北主要的运输方式。但铁路的出现，其运载速度之快、通达面积之广、不受地形气候影响等优点，迅速取代了航运的地位。

东北铁路沿线的开埠令通商口岸得到了发展。特别是省会城市和港口城市的发展更为迅速。沈阳地处交通枢纽，向北经过长春、哈尔滨与中东铁路相连。这样，东北的商埠体系格局由原来的以营口作为集散点向东北各地发散式扩展，转变为：南部以沈阳为中心，以大连、营口、安东三港为吞吐口；北部以哈尔滨为中心，"九一八"事变前以满洲里和海参崴为吞吐口，"九一八"事变后则以南满三港（大连、营口、安东）和朝鲜的清津、罗津两港为吞吐港口的双中心铁路网体系。

铁路对沈阳城市和建筑的发展同样具有十分重大的影响。当时有四条铁路线交汇于沈阳：中东铁路南满洲支线、安奉铁路、京奉铁路和奉海铁路。

正是由于中东铁路南满洲支线促成了沈阳满铁附属地和铁西工业区的形成与建设格局；而奉海铁路与京奉铁路在沈阳城内接轨，使得奉天、吉林两省与关内的联系得到了很大加强，也推动了沈阳城市的发展，以此为母线的铁路支线把东三省兵工厂、大亨铁工厂、迫击炮厂、飞机制造厂、铁道机车修理厂等沈阳东部和北部的工厂连成一片，形成了新的大东—西北民族工业区。铁路又使外来文化、技术、资金、人力、物资、信息等城市和建筑发展的基本要素得到了迅速的流通，极大地促进了沈阳建筑近代化的进程。

（4）文化：多民族融合，兼容并包

沈阳地处中国东北地区的南部，辽河平原中央，是东北文化体系中重要的组成部分。东北文化是开放型的，具有多民族文化聚合、多元文化类型共处的特征。这种在长期的历史演进下形成的地域文化，对其他文化体系具有强大的兼容力，在这种文化熏陶下成长起来的沈阳人对外来文化和先进的建筑技术更具有包容性和接受力。

多民族的文化聚合。自夏、商、周以来，东北就聚居着多个不同民族，直至明清时期冀、鲁、晋的大量移民，沈阳形成了集满族、蒙古族、朝鲜族、汉族为主的多民族融合的文化体系。同时由于中国东北边邻俄国、日本、朝鲜等多个国家，作为重要交通要道的沈阳自古以来随着对外贸易交流的频繁，邻国文化源源不断地渗透，形成了多民族、多地域混杂交融的东北文化圈。在沈阳的人口构成中，最初，与满族同宗同源的土著居民分布在山区，移民来的汉族人定居在平原，随着时间的推移，通婚已经使民族之间的差异越来越小，人们普遍使用汉语，只是个别满族聚居地相对保守。

多元文化共处。从奴隶社会发展到封建农奴制，再到封建后期的租佃制以及清末的资本主义的萌芽，各种文化如渔猎文化、游牧文化、农耕文化等多种文化形态彼此交融、长期并存、共同发展，因而呈现出很强的包容性和复杂性的文化特质。这种文化特质不可避免地具有较强的融合力，为吸收先进的外来文化，整合优良的本土文化，发展创新文化奠定基础[①]。

人们由于生活所迫离开各自的老家搬迁到沈阳，不同省份、不同地域的人们聚居在一起，他们原来的习惯和观念同本地的习俗，通过长时间密切的交往与生活，彼此融合。"从一般意义上来说，与那些居住在中国长城以南，仍然按照传统方式生活的同胞们相比，满人更乐于接受新鲜事物"[②]。

---

① 克里斯蒂，英格利斯.奉天三十年（1883—1913：杜格尔德·克里斯蒂的经历与回忆）[M].张士尊，信丹娜，译.武汉：湖北人民出版社，2007.

② 同上

开放多元的文化基础，为外来文化的传入打开大门，兼容并包，当外来全新的建筑技术传入的时候，中国工匠（建筑师）并没有拒绝和抵触，而是通过积极的心态，促进建筑技术本土化的传播与推广发展。

1.2.2.2　城市功能的转变促进了技术的进步

奉系军阀统治时期，沈阳老城区出现了大型百货商店、影剧院、邮局、银行、学校、工厂等新兴建筑类型，新的建筑类型对建筑技术提出更高的要求，促进了建筑技术的引入与发展，而建筑技术的进步又保证和促进了建筑类型的快速发展。建筑技术由初始期只能以当地材料替代外国建筑所惯用的石材或混凝土，从本土传统建筑技术适应和满足西洋样式的状态向材料的引进与技术的提升转变。

（1）新型建筑材料的认可与推崇

奉系军阀统治时期，对外贸易往来频繁，新型的建筑材料也迅速占领了沈阳的建筑市场。如 1923 年《盛京时报》永盛长木厂的广告"洋灰大减价：代理山东国旗牌洋灰，南北满及芝罘一手贩卖总批发处，帝国洋灰贩卖店，其他各种洋灰及建筑材料俱全"，以及兴发和公司的"虎牌大分洋灰"广告等，虽然此时像水泥这种建筑材料，沈阳还不能自主生产，但是已经得到广泛的推广和应用。红砖作为近代沈阳的新型建筑材料，近代初期，老城区的建筑大多利用红砖作为建筑的装饰，主要的承重墙体还是通过青砖的砌筑来完成。1923年，肇新窑业生产出第一批沈阳自主生产的红砖，并且用于东北大学新校区的建设，红砖开始被推广应用，沈阳老城区也相继出现边业银行（图 1-29）、同泽女子中学（图 1-30）等红砖建筑。

图 1-29　边业银行侧立面

图 1-30　同泽女子中学
图片来源：沈阳建筑大学建筑研究所

（2）新结构的引入与实践

近代初期传入沈阳的砖木结构，在此时期发展成为非常普及的结构形式，三角形木屋架因其节省材料，建筑跨度大，能有效减轻屋面的重量，更加便于施工而得到大家的认可。而此时期，在老城区也出现了"混凝土+洋式三角木屋架"的结构体系以及全部为钢筋混凝土框架承重的结构体系。

图1-31 张氏帅府大青楼

1922年修建的张氏帅府大青楼（图1-31）在建筑的前脸露台部位使用了钢筋混凝土结构。20世纪20年代中后期，沈阳老城区大型的商业、金融建筑大多采用了钢筋混凝土结构，例如沈阳中街的中和福茶庄（图1-32）虽仍为青砖砌筑，但是结构已经是钢筋混凝土，同时期的吉顺丝房（图1-33）、利民地下商场（图1-34）等都采用此种结构形式。沈阳老城区新结构建筑形式的出现深受奉系军阀与日本等外来势力的影响，同时从其迅速发展和推进中可以看出当时沈阳的经济状况以及良好的投资发展前景。

图1-32 中和福茶庄
图片来源：沈阳建筑大学建筑研究所

图1-33 吉顺丝房
图片来源：沈阳建筑大学建筑研究所

图1-34 利民地下商场

（3）配套设施的跟进与发展

沈阳地处中国东北寒冷地区，传统建筑主要靠传袭满族民居的炉灶、炕与烟囱组成的供暖设施取暖，水通过地下水井获取，卫生间为户外的旱厕。到了近代，随着西方文化的传入以及外国人口的增多，西方的生活习惯以及相适应的水、暖、电等建筑设备也随之传入沈阳，沈阳老城区在奉系军阀统治时期，建筑设备也迅速近代化。

中和福茶庄地窖内安设锅炉，全楼均安散热器炉片，炉片用 32 寸管通至各屋，散热器温度保证室内在 15℃以上（图 1-35）。

修建东北大学时，暖气铁管是由

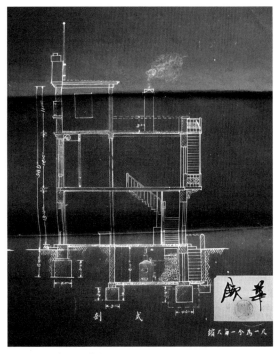

图 1-35　中和福茶庄剖面图
图片来源：奉天市政公所档案，民国档案 L65-1612

上海基瑞公司代购的德国黑管，并且由上海广昌公司购入西式马桶零件及马桶盖 53 箱。中街南洋钟表行前后房上均设天沟滴水管，将磁管埋于暗墙内。《盛京时报》关于奉天老天合丝房大楼落成正式开幕的广告中描述："本号开设奉天城内中街向北胡同门面经营二百多余年，专办苏杭绸缎两洋绸货，物美价廉，久蒙各界多称赞。今因发展营业，欢迎主顾起见，将从前门市改筑西式三层大楼，安设自动电梯籍免主顾登楼之苦，且内容通畅，暖气冬温，裨益卫生。"同样是《盛京时报》刊登的开设于沈阳小西边门外公园西的奉天旅社的广告中描述"本社新筑三层洋楼，改良新式器具，并设餐堂浴室，房屋之洁净，设备之华美与众不同，凡来往中外军政绅商，学界，贵客宾眷如蒙赐顾。"可见，当时西式建筑设施与设备成为商家招揽生意的噱头和达官贵人彰显身份的手段，利用西式的设施与设备改善了沈阳长期冬季取暖不良的室内环境，得到大家的推崇和认可，进一步促进建筑技术的近代化发展。

（4）功能需求催生技术的成熟

奉系军阀统治时期，随着政治体制的改革和各方以经济侵略和垄断为目的的经济活动，沈阳老城区出现了多种建筑类型。如以东三省官银号、边业银行为代表的银行建筑；以吉顺丝房、吉顺隆丝房为代表的商业建筑；以基督教青年会、帅府办事处为代表的办公建筑；以同泽女子中学、盛京医学院为代表的学校建筑等。随着社会的发展与进步，新的建筑类型需要不同的建筑空间，建造具有专一性、功能性、有针对性的空间和短时间内建造数量较多的建筑类型的需求，促进了建筑技术以及机械化作业的快速发展，原本以手工劳动为特征的建筑业不可避免地被淘汰更新。

奉系军阀以沈阳为其统治东北的中心，为扩充其军事和经济实力，大力发展工业和铁路。在此期间，西方列强忙于第一次世界大战无暇东顾，奉系军阀在东北同日本势力分庭抗礼，沈阳的民族工业得到空前的发展。1920年6月，张作霖在大东边门外以巨资购买外国机器，建奉天军械厂，并设立东三省航空处，建成奉天东塔机场；1923年建立奉天肇新窑业公司，创办砖瓦厂；1925年，东北大学工厂建成，内建成发电厂、翻砂厂、机械厂及办公楼等；1927年冯庸大学内创办实习工厂；同时官商合办的奉天纺织厂是东北最大的纺织企业。

工业的引入与发展促进了建筑技术的近代化。虽然沈阳的近代建筑技术的传入根源是西方，但是它并非与西方同步发展，当民族工业建立的时候，大跨度、大空间的现代建筑技术也正式进入沈阳奉系军阀统治区域。最初，三角形木屋架有效地加大了建筑的跨度，位于沈阳老城北中街的仓库即为采用了三角形木屋架的木结构体系，并装有简易电动提升梯。以钢材代替木材的三角形屋架使得建筑的跨度、受力与耐腐条件都得到更大的改善，东北大学工厂客货车场即采用了三角形钢屋架的混合结构（图1-36）。沈阳近代的工业建筑与沈阳的近代工业同步，与西方

图1-36　东北大学工厂客货车场
图片来源：民间收藏家詹洪阁先生提供

的现代建筑技术并轨，成为沈阳近代建筑近代化的主要标志之一。

（5）专业人才的出现与培养

奉系军阀重视人才的培养和起用。由于关外地处偏远，所以懂得西方现代知识的人才有限，奉系军阀通过官员推荐、增加薪酬和待遇、加强教育和培养人才、筹建东北大学、重金聘师、选送人才国外深造等一系列方法，多方吸收人才，特别是关内大量人才投奔奉系，基本弥补了沈阳近代初期人才不足的缺陷。如杜重远公费留学日本，学习窑业技术，回国后成立奉天肇新窑业公司，生产出沈阳第一批红砖，为20世纪20年代中后期红砖建筑在沈阳老城区的发展起了推动作用和技术支撑。梁思成、林徽因两位留学美国宾夕法尼亚大学的优秀人才，回国后发展事业的第一站即是沈阳，为东北大学创办了建筑系。同样是美国宾夕法尼亚大学毕业的杨廷宝先生，在张氏父子投资修建的东北大学、同泽中学以及帅府红楼群等

大型建筑项目中受邀承担建筑设计和指导工作。随着对专业人才的培养和重视，沈阳近代中期建筑市场出现人才专业化、技术正规化的特点。在可以查证的民国时期沈阳申请建筑技术许可证的 57 位技术人中，有国外事务所学习并有重大项目设计和施工经验的共 10 人，占总人数的 17.5%；"土木建筑学类"专业毕业的建筑师 27 人，占 47.4%。他们是促进本土建筑技术近代化的主力军。

（6）建筑技术教育的重视与推广

奉系军阀注重实业教育。1928 年 9 月聘请梁思成先生创办的东北大学建筑系，是继 1927 年中央大学建筑系后我国创办的第二个建筑系。东北大学的办学方针是培养发展实业急需的有用人才，但是由于东北大学建筑系创办匆忙，课程安排是梁思成先生在游历欧洲回国的途中制定，所以在初期，大部分的课程是沿袭梁思成先生在宾夕法尼亚大学所学的建筑系课程。成立两年后，东北大学建筑系根据授课情况和市场的需求重新调整了课表。对比课表（表 1-3），最明显的变化就是从传袭宾夕法尼亚大学重艺术轻技术的教学体系转化为艺术与技术并重的体系，虽然东北大学建筑系无论是系主任还是授课教师大部分都是宾夕法尼亚大学学院派培养的学生，但面对市场上对技术人员的急需和基本知识的匮乏，他们也不得不改进教学内容，增添设备、结构等技术知识，这也是以东北大学创学理念"培养社会实用人才"为出发点的。东北大学建筑系作为东北第一所大学第一个建筑系，其教学理念对后续学科设置起到了关键性的指导作用，也反映了沈阳当时对建筑专门人才的重视和培养。

东北大学建筑系技术课程设计对比 [①]　　　　　　　　　　　　　表 1-3

早期课程	改进后课程
应用力学；铁石式木工；木工式铁石图式力学；营造则例；卫生学	应用力学；应力分析；材料力学；木工；石土及铁工；石土及基础（工程组）；钢筋混凝土（工程组）；图式力学；营造则例；暖气及换气；装管及排水

除东北大学这所高等教育学府之外，还有辽宁省立第一工科高级中学学校；东三省测量学校专授建筑测绘与绘制、土木工程等课程；同时还有奉天省立工业专门学校土木工程科、前清奉天工艺传习所土木专科、东北大学土木工程系等多所学校，都为沈阳培养了专业的建筑技术人员。此时沈阳已经形成高等、中等、职业技术等梯队式的成熟、稳定的技术人员培养机构。

———————————————

① 根据涂欢《东北大学建筑系及其教学体系述评（1928—1931）》（《建筑学报》2007 年 1 期）整理。

（7）政府管理机构的督促与促进

1923 年 8 月，奉天省将沈阳古城区及商埠地一带划分为市区，开始市的建置，正式成立第一个市级管理建筑业的机构奉天市政公所，下设工程课，作为建筑业的管理机构，专门负责建设市内道路及其他工程。工程课作为沈阳半殖民地半封建社会具有资本主义初期萌芽状态的建筑管理机构，具有以下几个特点：

第一，工程课的人员配置专业化。工程课除设课长一名外，另设两到三名工作人员。课长由省长亲批委任，工作人员要求是受过建筑专门教育的专员负责建筑工程的申报与验收，这样不仅确保建筑施工质量，并且有利于建筑技术的优化与传播。

第二，工程课的职能范围全面。工程课掌握建筑活动管理的三大权力，即建筑法规的制定权、建筑设计图纸的审批权、房屋建造中的监造权。从中可以看出，工程课的职能监督管理贯穿建筑设计与施工、验收的全过程。这样保证了建筑施工的约束性和保障性，严格的管理促进建筑技术的正规化和市场的健康发展。

第三，工程课制定相关的法律、法规。工程课先后颁布了一系列建筑章程，如《市政所规定房捐》《奉天市政公所呈修正取缔市街建筑章程》《取缔建筑公司及与建筑公司有同等性质之营业者规则》等。通过法律、法规的约束和管理，使建筑行业相对法治化、规范化。

第四，建筑审批流程清晰。所有建房活动均须向市政公所工程课申请建筑许可证，许可证需要经过一系列内容的申报和审批才能获得。申请中要求包括建筑主、包工人、建筑地址、原有建筑、施工图纸、担保人等近十项内容，工程处派专门的技师亲自到现场勘察审核，以确保建筑申报的真实性，核查后才可发建筑许可证，在建筑竣工后，同样要通过审核。

市政公所工程课的管理保证了施工的质量，提高了施工人员的责任心和工作态度，更是为促进建筑技术的发展提供了资源共享的平台。

沈阳近代建筑技术在百年的时间里经历了瞬间的变革，长时期的多体系并存以及短暂的发展，使之显出不同于产生、发展、成熟、萧条的常规事物的发展规律，正是因为沈阳近代建筑技术是文化传播的产物，所以在传播的过程中，在积极与消极的因素共同作用下，技术呈现了独特的发展模式。

第 2 章 以 "建筑师" 为媒介的传播途径与方式

近代西方建筑技术通过文化传播进入沈阳主要有两种方式，并呈现多渠道、多媒介的特点。

方式一：直接导入式。①西方传教士——沈阳近代第一批外国人，这些在西方成长的传教士在推广教义的同时促进了西方建筑文化和技术的传入。②西方专业建筑师，无论是官派还是自主经营，在他们扩展业务，实施建筑实践的过程中，将其所掌握的西方建筑技术直接传入沈阳。

方式二：转译嫁接式。这种方式是通过中介的转译和嫁接后传入。①俄国建筑师将西方的建筑技术同俄国的建筑技术融合，转而传入沈阳。②西方的建筑技术通过外国人和中国留学生首先传入中国其他城市，然后经过其他城市的工匠以及建筑师的消化吸收后，嫁接到沈阳。③西方的建筑技术在近代时期通过日本官方引入，日本建筑师和工匠在日本学习与实践后，将沈阳拓展为其实践场。④沈阳本土的建筑工匠结合自身纯熟与精湛的传统建筑工艺技术，在实践中逐渐摸索掌握，最终完成对西洋建筑创造性的学习与实践。

总之，这些不同地域间交流沟通的多条传播渠道，其重要的传播媒介是多元组成的 "建筑师" 队伍，主要包括西方传教士、西方建筑师、日本建筑师与工匠、俄国建筑师与工匠以及中国本土的建筑师与工匠们。

2.1 直接导入式传播

2.1.1 西方传教士的 "亲传"

1858 年，英、法、美、俄强迫清政府签订《天津条约》，开辟牛庄（营口）为通商口岸，外国人可自由通商、传教等。从此，外国人开始陆续进入沈阳，而最早进入沈阳的外国人就是西方的传教士们。早期进入沈阳的传教士主要由两个分支构成，一个分支是以法国的罗马天主教神父方若望为首的天主教，另一个分支为英国的基督教的传教士们。传教士通过不同的传教方式和渠道将本国的生活习惯结合建筑形式引入，同时传入了他们所理解的建筑技术。

2.1.1.1 以建筑样式为主导的传入

法国的罗马天主教传教士可以说是来沈阳生活的第一批外国人。他们于 1838—1882 年期间，在奉天南郊建设精美的西式教堂、学校、孤儿院、神学院、修道院以及神父和主教的住宅。法国天主教的传教士们传入同沈阳传统建筑完全不同的建筑样式。

在《沈阳文史资料集》记载的照片中（图 2-1），我们可以看到传教士方若望手持圆规和指南针，桌面上放有地球仪和三角板等工具，墙上挂有世界地图。可见其是一位熟悉西方航海、计算以及擅于绘图，具有较高艺术修养和现代科技知识的传教士，也正是他修建了沈阳最早的具有西式风格的教堂建筑，同时他也是最早为沈阳本土工匠提出西式设计和施工要求的"西方建筑师"。

鸦片战争后，西方传教士大批涌入中国各大城市，最初的西方建筑都以教堂建筑为先锋，且发展非常迅速。因此，教堂成为中国近代早期最初的西式建筑中品质较高的一种建筑类型。沈阳天主教神父方若望 1846 年回欧洲度假，在法国巴黎外方传教会梅斯教区公开演讲，介绍其在中国东北 15 年的传教经历，他的工作得到本国教会的认可，并且给予资金帮助。在 1862 年 2 月 18 日，方若望在一封信中写道："我们已经在奉天购置一宗土地，耗资三万法郎……我们可以建医院、孤儿院、神学院……"同时，据沈阳县志记载："天主堂在天佑街西，光绪元年建，耗时三年乃成，堂宇百二十楹。"从小南天主教堂 1900 年被焚毁前的照片中（图 2-2）可见，教堂与中国传统建筑的体量和规模不同，具有西方建筑样式的教堂建筑的修建必然引起建筑技术的变革。小南天主教堂主体建筑由两部分组成，一部分是具有法国哥特建筑风格的三段式入口空间，另一部分是坡度近似中国传统建筑的大屋顶的教堂主体空间（图 2-3）。

从入口砖墙部分的照片中可推断此时修建的建筑入口空间是以青砖砌筑，主体部分为中国传统的砖木结构，特别是从屋顶占建筑的比例关系可以看出中国传统建筑的韵味，但将该建筑同沈阳城同时期建筑的体量作对比，其又是沈阳当时除城门楼之外的"高层"建筑，这必然同中国传统建筑的修建法式和则例不同，而此时能对建筑技术提出指导意见的只有来自

图 2-1 传教士方若望

图 2-2　1900 年被烧毁前的小南天主教堂远景
图片来源：沈阳建筑大学建筑研究所

图 2-3　1900 年天主堂被烧毁前后的对比照片
图片来源：沈阳建筑大学建筑研究所

法国的传教士，他们利用中国的原材料，在能工巧匠的通力合作下，成功创造出具有震撼力的西式外观的大空间建筑。

1900 年沈阳义和团运动爆发，焚烧了当时在沈阳修建的所有外国建筑，天主教教堂被焚毁。直到 1912 年，南满教区法国苏裴理斯主教利用庚子赔款在原址重建了一座典型的哥特式教堂（图 2-4），由法国巴黎大学毕业的梁亨利神父设计。随着小南天主教堂的重修，新的建筑技术也随着梁亨利神父同中国工匠的精诚合作而传入。

（1）传入的新技术的适应性发展

其一，小南天主教堂在平面（图 2-5）上是全新的形式。该建筑的平面完全不同于中国传统的建筑，采用的是基督教早期的巴西利卡的形制。一座矩形的大厅，柱廊式中央空间，平面尽头为半圆形后殿，另一侧则是主入口。12 对立柱将大厅分为三个部分，中间的中厅最高，该中厅是能同时容纳 1500 人的大空间，这对沈阳来说是最早的尝试。但这种典型的西式建筑平面进入沈阳后也做了适应性改变，如建筑的主入口为适应寒冷的地域气候而设计为双层门。

其二，小南天主教堂屋顶的技术（图 2-6）。小南天主教堂之所以能创造出如此大的空

图 2-4 远眺重建后的小南天主教堂
图片来源：沈阳建筑大学建筑研究所

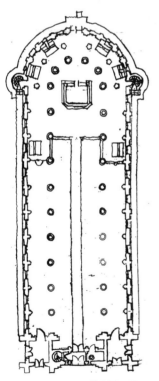

图 2-5 小南天主教堂平面图
图片来源：包慕萍《沈阳近代建筑的演
变和特征 1858—1948》

图 2-6 小南天主教堂剖面图
图片来源：包慕萍《沈阳近代建筑的演变和特征 1858—1948》

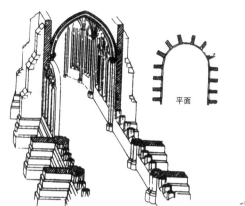

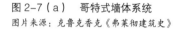

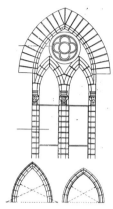

图 2-7（a） 哥特式墙体系统
图片来源：克鲁克香克《弗莱彻建筑史》

图 2-7（b） 小南天主教堂尖券窗
图片来源：包慕萍《沈阳近代建筑的演变和特征 1858—1948》

间，得益于其屋顶的技术处理。小南天主教堂采用了西式三角形木造屋架。这种木桁架屋顶的建造方式也曾应用于早期基督教时期和拜占庭帝国时期的建筑中，而屋面采用的是檩条等距设置和瓦的错肩铺就等民间铺设方式。

其三，小南天主教堂窗与券的砌筑（图 2-7）。小南天主教堂采用了西式的圆形玫瑰窗、等边拱、尖拱等典型哥特式教堂样式。通过控制窗墙的比例关系，来抵御冬季的寒冷。

（2）传统的建筑技术变革

其一，小南天主教堂砖墙的建筑材料与砌筑方式。小南天主教堂虽然采用沈阳传统的青砖砌筑，这是由于沈阳当时只有烧制青砖的砖窑，据记载，特殊形式的青砖由梁亨利神父亲自指导工匠专门烧制而成，在青砖的砌筑方式上，采用的是中国传统的"三顺一丁"的砌筑方式。小南天主教堂没有采用当时在教堂建筑中盛行的哥特式墙体系统（图 2-8），也没

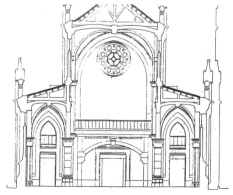

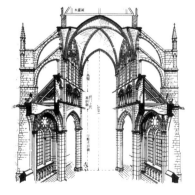

图 2-8 小南天主教堂与一座典型的哥特教堂（亚眠大教堂）的横断面对比
图片来源：（左）包慕萍《沈阳近代建筑演变与特征 1858—1948》；（右）克鲁克香克《弗莱彻建筑史》

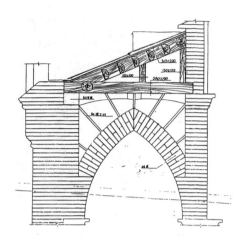 

图 2-9　顶棚细部结构图
图片来源：包慕萍《沈阳近代建筑的演变和特征 1858—1948》

图 2-10　小南天主教堂室内
图片来源：沈阳建筑大学建筑研究所

有采用飞扶壁结构体系。

其二，利用中国的传统工艺创造出内部大厅的天花四分拱（图 2-9）。在西方哥特建筑中，采用的一种抵消横向推力的结构形式扶壁，但由于其承重的体量不仅厚重，遮挡阳光，而且需要大量的建筑材料，所以飞扶壁应运而生，通过凌空两侧的飞券，在中厅十字拱的四角起脚处抵住侧推力，从而解决水平分力的问题。

小南天主教堂采用"两层皮"的做法，屋顶分为两个部分，上面是三角形木屋架，架于中厅两侧墙的壁柱上，而下面的四分拱则是木条吊顶完成，即通过木条抹灰顶棚做成四分拱外形，起券于壁柱上的垫石，拱肋也是由木条拼制而成，外面涂抹灰浆，并用青灰画成青砖的质感和砖缝，这样不仅解决了屋面的结构问题，也取得了视觉上四分拱的艺术效果（图 2-9、图 2-10）。

由于当时外国人在沈阳活动的限制和束缚，可以推断在建造过程中，只有传教士和中国工匠的合作。传教士同中国工匠在创造教堂建筑所需要的建筑样式过程中，促进了中国本土工匠对传统建筑技术的创新与变革。

2.1.1.2　以建筑功能为主导的传入

在沈阳，西方传教士的另一分支为同样信奉耶稣、当时被称为新教的基督教。他们在传教之初采用的渠道与策略不同，基督教在沈阳的传教不仅是传播教义本身，同时利用西医、西学来传教，所以传教士带来了多功能建筑类型——医疗建筑、教育建筑等。而公共建筑中最重要的建筑技术即是中国在传统建筑中容易忽视的通风、日照，建筑设备以及对大空间的需求等。

1872 年，英国传教士罗约翰从山东途经营口来沈阳，在一个小客栈租了一个房间居住了 6 个月，但遭到当地人的强烈反对，被迫返回营口。1876 年，罗约翰差派教徒王静明从营口到沈阳传教，终于打开基督教传教局面，经过 3 年时间，罗约翰成功地在沈阳当时的郊区"小河沿"购买到一处房产。1882 年，司督阁奉派来华，于次年抵达沈阳，积极组织和创设西式医院，施医布道的同时将医疗建筑引入沈阳。除此之外，司督阁还创建了沈阳第一家医学院以及教会学校和传教士住宅等新的建筑类型（表 2-1）。

1897 年春奉天省承德县（今沈阳）设立基督教堂及医院、学堂清册^①　　表 2-1

教堂	建筑样式	地址	传道人
英国教堂 1 座	洋式	省城大东门外经历司胡同路北镶红旗界	罗约翰
英国施医院 1 座	华式	大东门外小河沿北坡上镶红旗界	司督阁
英国教堂 1 座	华式	大东门外小河沿北镶红旗界	罗约翰、傅多玛
英国讲书堂 1 座	华式	大北门里大街路东正蓝旗界	传教士华人，更换无常，不知姓名
英国讲书堂 1 座	华式	小东门外大街路南正红旗界	传教士华人，更换无常，不知姓名
英国讲书堂 1 座	华式	大西门外大街路南正白旗界	传教士华人，更换无常，不知姓名

（1）住宅建筑

当西方传教士初到沈阳，在他们眼中此地"像华北大部分地区一样，除了几座寺庙之外，根本没有两层以上的建筑。普通居民的房子地面或土筑或砖砌，与房子外面的地面齐平，甚至还要低一些。窗户不用玻璃，而且纸糊，室内光线很暗。屋顶很少安装天花板，城市没有

---

① 《总署收盛京将军依克唐阿文（附清册）咨送光绪二十三年春季分所属教堂清册》，光绪二十三年七月十四日，见吕实强主编《教务教案档》第六辑，1980 年影印版，第 1940—1953 页。

建立卫生设施，除一些敞开的地沟之外，看不到任何排水设施"①。这一切对已经经历工业革命和城市大规模建设的欧洲人来说是不可思议的，他们将自己在本国的生活习惯和建筑形式引入沈阳。"在那个时候，建起一座西式房屋肯定会带来麻烦，两层楼房就意味着一场暴乱。因此，高门大院，并在大门旁建有仆人居住门房的院子才符合中国人的习惯。但是，这并不妨碍传教士们在院中内墙后面的花园的房子里安装西式门窗、地板和壁炉。可这些都不能被过路者看到，或被外院的访客们看到"②。这种引进同其他城市的租借地大张旗鼓的建设不同，作为肩负"启迪人们心灵"使命的传教士，通过对当时中国人的心理格外敏锐的体察和经过多次传教失败的经验，他们意识到将基督教教义掺进儒、释、道家经典以适应迎合中国人心理的重要性。他们不仅着华服、说华语、取华名，在建筑设计中，也表现出对中国传统建筑、民族形式的模仿，尽力去表现"中国本土式"风格。

如 1889 年大东门外一座能容纳 800 人的关东基督教堂，这栋中西合璧的建筑风格在西方人眼中是"完全的中国风格"③。

（2）医疗建筑

盛京施医院（图 2-11）由英国传教士司督阁创建，他于 1883 年借房施诊，1884 年正式在外城小河沿建院开诊，是近代东北第一家西医院。1888 年 8 月，暴雨成灾，医院救出很多灾民，因此得到社会的信任和支持，并于 1894 年新建了专门的女性医院。1900 年义和团将男、女医院全部烧毁。

图 2-11 盛京施医院近景
图片来源：沈阳建筑大学建筑研究所

1906 年开始筹备新建的盛京施医院（图 2-12、图 2-13）无论是建筑设计还是建筑技术都体现了现代医疗建筑的特点。

首先，建筑的结构与地下空间。建筑采用砖木结构体系的多层建筑，是沈阳老城区最早的多层公共建筑之一，采用三角形木屋架结构体系，室内采用木质楼梯与栏杆扶手，地

① 克里斯蒂，英格利斯．奉天三十年（1883—1913：杜格尔德·克里斯蒂的经历与回忆）[M]．张士尊，信丹娜，译．武汉：湖北人民出版社，2007．

② 同上。

③ 同上。

下空间也是较早出现的满铺地下室，房间分割灵活，通过标准层平面图和一层平面图的对比可以看出承重结构与隔墙分割结构的区别。多层建筑的出现促进了承重结构体系的进步，如楼板的技术处理，垂直交通空间的处理，以及不等距房间的施工。

其次，建筑设备的进步。对于中国传统建筑来说，特别是东北地区的传统建筑，为了抵御冬季寒冷的气候，大多开低矮小窗，室内环境非常不理想，但盛京施医院的修建带来全新的建筑设备，医院不仅开大窗，而且在走廊一侧也开有侧窗，保证通风，同时还安装暖气片等取暖设备，改变了靠火炕取暖的传统技术。

总之，随着清政府打开国门，实行新政，推崇西洋文化，传教士在中国东北的势力范围越来越大，组织也越来越健全。往往一个国家的传教士机构里设有专门负责建筑设计与施工的建筑师，他们在传教的同时，负责设计相关的教会建筑。如毕业于丹麦艺术学院建筑学专业并且在美国哥伦比亚大学学习建筑技术专业的建筑师艾术

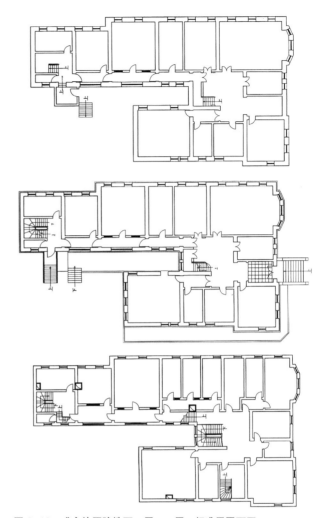

图 2-12　盛京施医院地下一层、一层、标准层平面图
图片来源：沈阳建筑大学建筑研究所师生测绘

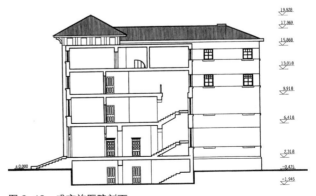

图 2-13　盛京施医院剖面
图片来源：沈阳建筑大学建筑研究所师生测绘

华（Johannes Prip-Moller）就是以传教士的身份被派往中国，并且在沈阳设计了奉天盲童学校、奉天基督教青年会等重要建筑。这种传教士组织的建筑活动一直持续着，直至 1931 年"九一八"事变之后，由外国传教士主持的建筑工程逐渐出现衰落。

纵观西方传教士在沈阳的建筑经历，虽然他们是伴随着侵略战争的炮声而来的，但却是沈阳中西文化交流的开拓者。他们虽然专业和特长各有不同，但在对传教场所、生活环境的营造和构建中，他们将所接触和识别的建筑材料介绍给本土的工匠；将他们所掌握的建筑技术和所期望的建筑样式同本土工匠交流，为沈阳传统建筑技术培养了新的土壤，特别是在如何通过本土建筑材料和技术实现西方建筑样式以及满足现代生活需求方面提供了借鉴。可以说，早期的西方传教士对建筑技术的传播是伴随着他们对沈阳传统生活模式适应性改变的情况下进行的。

2.1.2 西方设计师的"示范"

日俄战争再次唤起清政府对中国东北的重视。朝廷任命赵尔巽为盛京将军。他来到沈阳后就投身于满洲当时最为紧迫的长期封建政治体制的改革和战后重建的工作。清政府与日、美分别订立通商行船续约，将沈阳、安东（今丹东）、大东沟（今东港）等地辟为商埠地，允许外国人居住、贸易。1906 年 5 月 3 日，清政府被迫将沈阳古城西边门外 21km² 的地方辟为"商埠地"。从此，沈阳出现了除西方传教士之外的从事各种行业的西方人。

西方商人以沈阳商埠地为驻地，开展商业贸易和各种渠道的经济侵略。仅在 1906 年，日、美、英、德、俄分别在商埠地设立驻奉天总领事馆（图 2-14~ 图 2-16），这些领事馆建筑不仅体现其本国的建筑风格，同时为满足外国驻奉领事和工作人员的办公、生活需要，配置了最适宜的生活设施和设备，如壁炉、暖气、地板、浴室、室内卫生间等；而此时，中央政府决定改革满洲官制，将盛京将军改为总督，原来盛京将军赵尔巽的职位由东三省总督徐世昌接任，奉天巡抚由唐绍仪担任（唐绍仪曾留学美国），他们积极倡导西方文化和变革，在他们执政的两年时间里，奉天发生了巨大的变化，最突出的是新颖的两层的政府办公楼取代了老式蹩脚的将军衙门以及城内各处的大小衙门，通过中央政府"自上而下"地对西方文化和建筑的推崇，百姓开始趋之若鹜积极效仿和崇拜西方的一切事物，这种"崇洋"的心态为外国人在沈阳创业和发展创造了良好稳固的社会基础和市场环境。1916 年后奉系军阀执政东北，为了抵制日本并摆脱其控制，推行以夷制夷的外交策略，拉拢英美国家以牵制日本，这更为西方文化在沈阳的传播提供了契机和途径。

政治、经济环境的变化，促进了经济的发展，也刺激西方文化渗透意识从西方传教士的"开拓时代"到主动汲取的"发展时代"，这些变化吸引了西方建筑师和土木工程师来沈拓展市场。业务范围比较明确地集中在建筑或建筑与土木工程方面，设计业务中涉及大量的工厂类和基础设施类项目；公共建筑和住宅等建筑设计已经成为主要设计内容。西方建筑师通常在各大城市开设事务所或分所，建筑师之间保持比较稳定的合作关系。由于交通迅速地发展，各地的信息比较容易沟通，因此业务范围可以拓展到全国。

图 2-14　日本领事馆
图片来源：许芳《沈阳旧影》

早期的西方建筑师在沈阳不仅要负责设计工作，更要在现场指导工匠的施工，如丹麦建筑师艾术华，虽以丹麦传教士的身份来到沈阳，但他不仅在丹麦学习了施工建筑技术，而且熟知美国建筑学、建筑材料及其发展方向，在他来到中国之后，指导了建筑的实践。到沈阳后，艾术华雇用了一对年轻的从北京营造商学校毕业的技术人员来帮助他，但是他在沈阳的工作大部分花在工地指导工人施工。艾术华认为在丹麦的指导工作，对于技术好的工人每天需要一到两个小时，而在中国则需要一整天的努力。因此，艾术华投入了大部分的精力。同时，还有很多像艾术华这样专业而又敬业的西方建筑师，将西方的建筑技术引入中国，顺利完成了西方建筑技术的直接传播，并迅速得到中国工匠的推广。

图 2-15　英国领事馆
图片来源：许芳《沈阳旧影》

图 2-16　德国领事馆

在沈阳比较著名的西方建筑师设计的作品有很多（表 2-2），其中由魏德公司设计的东北大学理工楼是东北大学北陵校址首批建筑物之一，1923 年夏天开始动工，次年秋天正式竣工，是当时东北大学的理工学院的教学楼（图 2-17），从该建筑中可以看出西方建筑师为沈阳近代建筑技术的推动做出的努力与尝试。首先，引入以采光玻璃天井为代表的现代建筑技术。东北大学理工楼设有两层通高的共享大厅（图2-18），这是将屋顶设计为采光玻璃天井（图2-19），通过使用进口钢梁和玻璃，实现大跨度空间的采光需要。由具有良好延展性的连系梁、螺栓和桁架运输到沈阳后组装而成，施工快捷，这是一项先进的技术，而且这项技术虽然在欧洲起源很早（大约在19世纪初），但完善于20世纪初，所以在东北大学理工楼的设计与施工中，是同西方并轨的现代建筑技术的应用。

由西方建筑师设计的沈阳近代典型作品	表2-2
设计人	代表建筑
魏德公司	东北大学理工楼
景明洋行	汇丰银行奉天支行
罗克格·雷虎公司	小南天主教神学院
	奉天天主教传教会楼房
景明工程司	辽宁英商汇丰银行建筑新汽车房 辽宁汇丰银行建筑新仓库 辽宁汇丰银行新楼内洋灰铁筋混凝土之银库
白恩普	Y.W.C.A.奉天中华基督教女青年会
乔治·泰勒	基督教神学校（文会书院）

在现代建筑技术被引用的同时，新的建筑设备也随之而来，暖气、电灯及卫生器具等设备均很完善。该建筑采暖与通风均采用现代建筑的技术处理方法，暖气管道和散热器均是从德国进口的优良设备，特别是在排水系统和卫生设备方面。室内厕所应用抽水马桶，高效的排水系统和净水的供应均反映了沈阳近代建筑技术的现代化程度。其次，以西式建筑穹顶为代表的传统建筑技术的更新（图2-20）。西式建筑的穹顶在不同时期有不同的建筑技术，古罗马时期的圆穹通过木板制作模具后浇筑水泥，拜占庭时期几乎全部用砖砌成，采用的砌筑方式可减少甚至消除对拱架的需求，拱券和穹顶的轮廓通常都是半圆形的。到文艺复兴时期，虽然建筑在结构设计方面并没有取

图2-17　东北大学理工楼
图片来源：沈阳建筑大学建筑研究所

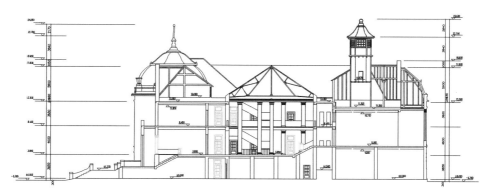

图 2-18 东北大学理工楼剖面图
图片来源：沈阳建筑大学建筑研究所

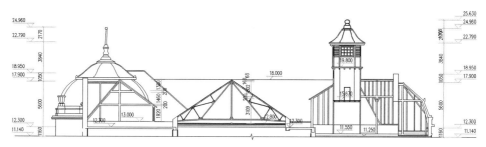

图 2-19 东北大学理工楼屋顶剖面图
图片来源：沈阳建筑大学建筑研究所

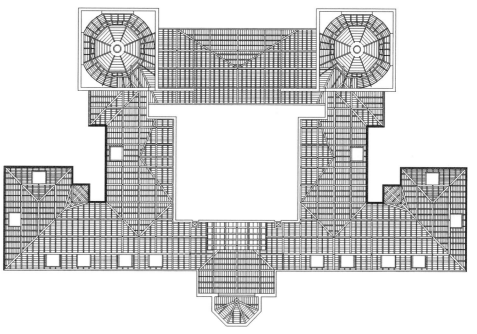

图 2-20 东北大学理工楼屋顶梁架仰视图
图片来源：沈阳建筑大学建筑研究所

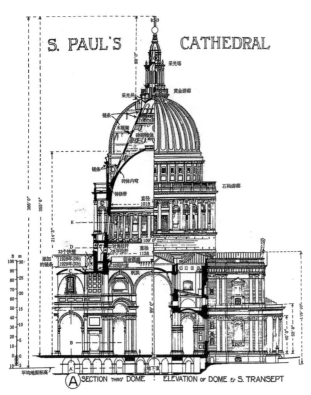

图 2-21 圣保罗大教堂
图片来源：克鲁克香克《弗莱彻建筑史》

图 2-22 东北大学理工楼屋架节点照片
图片来源：作者拍摄

得显著的进步，但这个时期最辉煌的成就是使用巨大的穹隆，此时没有用拱脚手架，而是一种盘旋上升的砖工，克里斯托弗·雷恩（Christopher Wren）设计的圣保罗大教堂（图 2-21）的穹隆是一个复杂的混合结构，其穹隆内层用石材砌筑，中间层是砖砌筑的圆锥体，外层是木质屋面。从中可见穹顶的技术发展。而东北大学理工楼的穹顶技术却不是对西方建筑技术的沿用（图 2-22），从穹隆中杂乱无序地搭建的木板条体系中可以推断出，工匠们通过木板条来制造出与西式穹顶相似的外形，这仅仅是对建筑造型和样式的模拟，而不是西式建筑中对穹顶空间的追求。

分析这些西方建筑师的建筑作品可以推断出，其一，穹顶木模板的技术非常复杂，中国工匠没有掌握此种技术；其二，穹顶技术不像现代建筑技术，通过预制和组装完成，对工匠的技术水平要求高，不便于施工，所以在东北大学理工楼的设计中将现代建筑技术与传统建筑技术有机结合。西方建筑师在沈阳的建筑作品大多为具有代表性的，为上层社会人群服务的，标准较高的公共建筑，它们是沈阳近代建筑的典型代表；而且，目前在沈阳现存较多的建筑大多为省、市级文保单位，这些足以说明它们代表了沈阳近代时期最高的建筑技术水平，所以西方建筑师是沈阳近代建筑技术的重要传播者。不像上海现代建筑主要集中在租借地，在沈阳，西方建筑师的"示范"工程分布在老城区、商埠地、工业区等多个板块，这促进了沈阳近代建筑的发展。

2.2 转译嫁接式传播

2.2.1 俄国工程师的"身授"

从甲午中日战争到 1917 年俄国十月革命期间，沈阳的经济和文化的发展受俄国的影响较大。俄国的建筑技术伴随着中东铁路的修建与通车而源源不断地传入。

中东铁路以哈尔滨为中心，东至海参崴，西至满洲里，南至大连旅顺，在沈阳境内铺设在距离沈阳老城区约 16km 之外的地方，从文官屯向南，经东瓦窑西转，过北塔，奔西塔，经过揽军屯向南过浑河出市区。

"按照常规，如果没有铁路，数月之内，除传教士生活的小圈子之外，看不到一个欧洲人。中日战争结束后的那年冬天，一位俄国上校，一位俄国中尉，由四名哥萨克陪同前来奉天。那似乎在发出一个警告：古老的时代就要过去，满洲将不再与世隔绝"。"俄国工程师前来勘测，绘制地图，然后离开……人们对俄国人的出现习以为常"[1]。随着铁路的修建，俄国人开始进入沈阳。为修建这条横贯东西的西伯利亚大铁路，俄国政府从中国招募了大批华工。"俄人在建筑工程中，把流放者当技术员使用，石匠、砖瓦工、木工、建筑工几乎都是中国人"[2]，形成由俄国工程师指导，中国工匠施工的局面，这样很快中国人掌握了由俄国修筑铁路引入的材料特性和施工技巧。特别是 1898 年 9 月 1 日，沙俄同清政府签订《东省铁路公司续修南满支路合同》，沙俄夺得在铁路沿线开采林木、矿产资源及在内河、沿海航行等特权。同时沙俄将东起和平大街、西至兴工街东侧、北自北七马路，南到南八马路 6km² 土地划为"铁路用地"，归俄国人管理，俄国人开始了大规模在沈阳的建设活动，带动了沈阳建筑业的变革。

（1）新型建筑材料的使用

俄国人铺设铁路需要大量建筑材料，如水泥、石灰、砖、石膏、异型铸件等，这些材料从俄国沿中东铁路的铺设源源不断运输而来。这些建筑材料同长期使用木材、青砖和传统黏合剂等材料的对比优势，给工匠们变革建筑技术带来了原动力。

---

[1] 克里斯蒂，英格利斯.奉天三十年（1883—1913：杜格尔德·克里斯蒂的经历与回忆）[M].张士尊，信丹娜，译.武汉：湖北人民出版社，2007.

[2] 《满洲开发四十年》补卷第 611 页。

图 2-23 浑河铁桥
图片来源：沈阳建筑大学建筑研究所

（2）先进结构技术的引入

俄国建筑师带来了先进的结构技术。1898 年沙俄在浑河左岸建造直径为 17 尺[①]，深为 16 尺的自来水井，这是沈阳最早的自来水井，1902 年中东铁路南满支线的浑河大桥工程完工（图 2-23），全长 829.2m，23 个孔，孔跨 33.5m，上承桁梁结构，支座类型为辊轴，桥墩基础入土深度为 12m，基高 24.84m，墩台为浆砌料石。1903 年又建成一座钢筋混凝土结构的双孔铁路、公路立交桥。通过这些桥梁建筑的修筑，沈阳本地工匠逐渐掌握了使用新型建筑材料和新结构技术方法，为施工带来了便利，建造出了满足特殊功能需求的室内大空间。

（3）全新的建筑类型的出现

1898 年沙俄在沈阳建成一个中东铁路的四等车站[②]——穆克敦（Mukden）火车站（图 2-24），它是一个两层高的清水砖（青砖）墙结构、木屋架的火车站，是沈阳出现砖墙承重和三角形木屋架结构的发端，更是沈阳铁路建筑的开始（图 2-25）。

由于俄国在沈阳划定了铁路用地，所以为了保证在沈阳工作的俄国人的日常生活和掠夺运输的需要，俄国建筑师陆续在铁路用地内修建了一系列民用建筑，1900 年在沈阳设立邮局，这是沈阳的第一个邮政建筑；同时还有多层的住宅及商业建筑等。俄国人不仅带来了全新的建筑类型，而且在指导施工的工程中，让中国人了解了每种建筑类型的功能要求以及

图 2-24 穆克敦火车站 1
图片来源：沈阳建筑大学建筑研究所

图 2-25 穆克敦火车站 2
图片来源：沈阳建筑大学建筑研究所

[①] 1 尺约为 33.33cm。

[②] 中东铁路支线规划、修筑之初，共连接大小车站 38 个，依据各站所处区位的未来发展要求分为五个级别：1 个一等站、3 个二等站、3 个三等站、24 个四等站、6 个五等小站。

为实现这些功能所应用的施工方法和俄国工艺。如在住宅建筑中，西洋立式百叶窗取代了"满—汉"式上下扇的窗户，冬季用红砖砌筑或用铁皮制成的火炉取代了传统的满族火盆；室内铺设地板用于防潮并刷油漆防腐等技术做法。

秋林公司创办于 1906 年，1923 年在沈阳的满铁附属地内修建公司大楼，该建筑地上三

图 2-26　20 世纪 30 年代秋林公司景象
图片来源：沈阳建筑大学建筑研究所

层，地下局部一层，建筑为砖石结构，建筑造型为西洋新古典样式（图 2-26）。秋林公司建筑大楼体现了当时建筑技术的发展水平。

①大空间的营造。建筑一、二层借用六根混凝土方柱支撑楼板，创造了灵活的营业大厅空间，在建筑的三层将方柱全部取消，仅靠砖墙承重，来实现大跨度的空间，在现代建筑中这种技术处理一般适用于框架结构体系，但在近代这种技术处理在砖石结构中已经采用，这同建筑的屋顶技术处理有着重要的关系（图 2-27、图 2-28）。

②钢木结合的桁架屋顶形式（图 2-29）。建筑采用了砖木结合的桁架屋顶形式，即采用三角形木屋架，通过钢构件固定，这种结构方式能够降低屋顶整体的重量，从而实现较大的空间跨度。

③混凝土的应用。建筑中将混凝土应用到建筑局部的构造中，在门窗洞口的过梁、坡屋顶与穹顶的交接处等建筑构件交接的节点处（图 2-32）使用混凝土来完成技术的处理。

总之，伴随着中东铁路的修建以及通车后中俄文化交流的频繁，沙俄的建筑技术在沈阳开始传播并随着铁路附属地的建设而得到认可和迅速地发展。其传播可分为三个渠道，首先，来自俄国的工程师将国内先进的建筑技术直接引入沈阳；其次，俄国的建筑技术通过施工过程被中国传统工匠学习吸收后在原有的团体间传播，并在此基础上延续发展；再次，由铁路将大量俄国人带到沈阳，同时将中国人运输到俄国，由此形成一定规模的文化传播路线，当时俄国文化的传播，是随着中东铁路的修筑而传入，由于俄国人在中东铁路沿线拥有特权，使俄国文化在传入之初就处于十分有利的传播地位。所以这些往来于中俄之间的人们将相对先进的生活方式和行为习惯传播到沈阳，并将建筑技术进行间接传播。

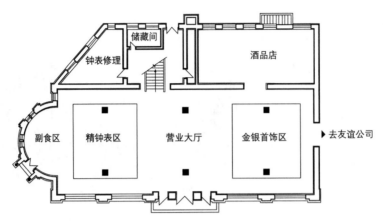

图 2-27　秋林公司一层平面图
图片来源：沈阳建筑大学建筑研究所

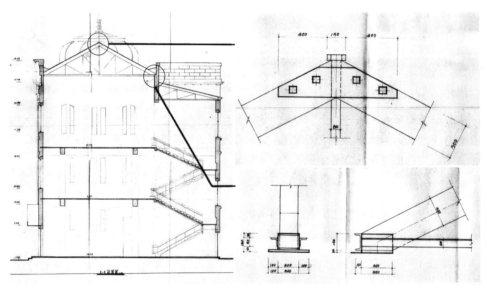

图 2-28　秋林公司剖面图及屋顶节点大样图 1
图片来源：沈阳建筑大学建筑研究所

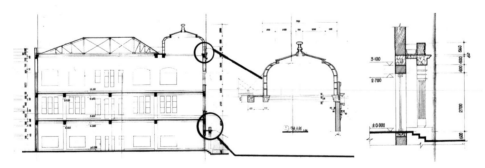

图 2-29　秋林公司剖面图及节点大样图 2
图片来源：沈阳建筑大学建筑研究所

2.2.2　日本建筑者的 "嫁接"

1905 年 9 月 5 日，日俄战争结束。通过日俄签订《朴次茅斯和约》，日本夺取沙俄在中国东北南部的权益。两个帝国主义国家无视中国领土主权，"沙俄将辽东半岛租借权以及长春至旅顺铁路有关的一切权益转让给日本"。1906 年，日本又将沙俄掠夺的 "铁路用地" 强扩为 "满铁附属地"，擅自驻军设警，非法设置税捐、司法、邮政等机构，特别是关东都督府和满铁的设立[1] 更需要大规模的建设，很多承包商陆续集中到中国东北。其中，日本建筑师大致分为四类[2]：①从日本直接进入中国东北的日本建筑师，如太田毅、横井谦介等，这类建筑师大多是为满铁等政府机构服务而来沈阳的，特别是到满铁建筑设计鼎盛时期的建筑师如狩谷忠磨、平野绿等是大学毕业后直接加入满铁；②经中国台湾地区实践后进入东北的日本建筑师，如小野木孝治 1902 年受总督府委托之职去了台湾，1903 年正式成为台湾总督府技师，在台湾设计了很多大型公共建筑，后跟随后藤新平转任满铁的技师而进入沈阳建筑市场；③经朝鲜半岛实践而进入中国东北的日本建筑师，如著名的日本建筑师中村与资平，1908 年到朝鲜负责第一银行京城支店的设计与施工，1917 年又负责朝鲜银行大连支店的设计与施工，于是在大连开设事务所以及工事部而进入东北，在沈阳的建筑作品主要有朝鲜银行奉天支店；④由中国华北、华东等地方进入东北的建筑师，如植木茂，曾任职中国青岛守备军经理部。

通过这四种渠道进入中国东北的日本建筑师，以第一、第二种渠道为主，在满铁建筑事业初创期，大量日本本土和已经在中国台湾地区有发展建设经验和资历的建筑师被调往中国东北的满铁建筑机构，广阔的建筑市场同样吸引了具有向海外开拓市场野心的日本本土建筑师们，但无论是官派建筑师还是民间自主营业的建筑师，都将他们所掌握的建筑设计以及全新的建筑技术投入到其负责的建筑项目中。

2.2.2.1　日本建筑师的引入与传播方式

如果从建筑技术的引入和传播角度分析，日本建筑师主要通过以下四种方式来实现未来殖民建设的需要，这不仅能够保证在满铁公司工作的日本人在东北生活的质量，同样也能吸引东北地区及国际资金和资源，为日本物质掠夺创造条件，同时宣扬日本帝国主义的 "建设成就"，从而实现笼络和麻痹中国人。

（1）满洲地域文化的调查

日本在东北设立 "满洲建筑特种实情调查机关"，不仅针对东北的气候特征，如气温、

---

[1]　附属地的殖民体制分为四部分，其中驻军归属于关东都督府的关东军司令部，警察归属于关东都督府警务部，外交及侨民从属于日本外务省在各附属地设立的领事馆，而满铁负责铁路运输及建设和市街经营。
[2]　由日本陆军技员转为建筑师的高冈又一郎，在 1928 年 "怀古漫说" 里回顾日俄战争之后的情形时提到。

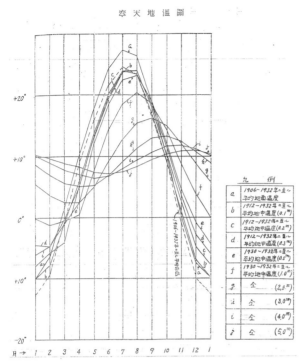

图 2-30　奉天地温图
图片来源：建筑学会新京支部《满洲建筑概说》

风速、积雪量等自然要素，而且针对东北的传统建筑和民居进行调查分析，对寒冷地区建筑的特殊性进行调查。日本建筑师相继出版了记录和介绍满洲传统建筑特色和地域文化的书籍，如《满洲建筑大观》《从建筑上看满洲的日照和气象》《满洲建筑》等，通过这些调查资料，日本建筑师注重适应沈阳当地的气候条件，通过对沈阳传统民居的布局方式、砖砌建筑的结构方式以及防寒措施的调查，创造出不同于日本本国的、强调防寒、厚重封闭的建筑形式，如 1927 年 10 月在奉天的日本建筑组织，提出《四种住宅不同墙体材料和不同砌筑方式的设计及施工的试验报告》。此后，又陆续发表了《居住状态情况报告》等满足东北建筑的地域特点的研究成果（图 2-30、图 2-31）。

降霜日数
（新京中央观象台报告）

场所＼月	1月	2月	3月	4月	5月	6月	7月	8月	9月	10月	11月	12月	全年	统计期间
大　连	14.4	12.3	7.2	1.4	—	—	—	—	—	0.9	5.8	11.5	53.4	1905—1932
营　口	21.8	17.7	12.1	4.3	—	—	—	—	0.3	6.1	16.2	20.4	99.0	1906—1932
奉　天	26.1	21.1	16.9	7.8	1.0	—	—	—	0.7	12.8	21.5	25.7	133.5	1906—1932
新　京	26.5	23.2	17.5	7.8	1.5	—	—	—	2.0	14.9	21.8	25.8	141.0	1909—1932

降雪日数
（新京中央观象台报告）

场所＼月	1月	2月	3月	4月	5月	6月	7月	8月	9月	10月	11月	12月	全年	统计期间
大　连	6.7	4.2	3.6	0.3	—	—	—	—	—	0.3	4.1	6.9	26.1	1905—1932
营　口	4.8	4.5	4.2	0.9	—	—	—	—	—	0.7	3.2	4.3	22.7	1906—1932
奉　天	6.4	5.8	6.1	1.8	—	—	—	—	—	1.2	4.4	5.6	31.3	1906—1932
新　京	7.9	7.5	7.1	3.8	0.3	—	—	—	—	0.1	3.0	6.6	7.7	44.0	1909—1932

图 2-31　奉天降霜降雪日数
图片来源：建筑学会新京支部《满洲建筑概说》

（2）日本施工队伍的进入

早在俄国修筑中东铁路的时候，在修筑工程队中就有日本工匠受雇佣，但那时主要是日本工匠的个人行为。但日俄战争后，日本接收满铁附属地，日本建筑施工队伍开始有计划地进入沈阳的建筑市场，如 1913 年 6 月为加紧对沈阳建筑市场的垄断，日本建筑财团"吉川组"打入沈阳建筑市场，专营土木建筑业。1922 年 12 月，为全面垄断沈阳建筑市场，日本人在南市场建立福昌公司奉天支店，承揽土木建筑的设计及施工业务。

1924 年日本在奉天的建筑财团成立"满洲土木建业组合奉天支部"，由上木仁三郎等五人联合执事。它是日本人为全面垄断奉天建筑市场而发起成立的一个组织机构。当时在沈阳的日本私营建筑企业，比较著名的有上木组、细川组、福昌公司等。

至 1931 年"九一八"事变后，沈阳被日本侵占，日本的建筑承包商更是大批涌入"奉天"建筑市场，纷纷成立"支店"（分店）、"出张所"（即事务所），整个沈阳地区的建筑市场为日本人所垄断。据统计，日本在沈阳的建筑企业，1932 年为 24 家；1933 年为 38 家；1938 年为 44 家；1940 年为 130 家，其中土建 105 家、水电 16 家、装修 4 家、设计 5 家；1944 年为 116 家，其中土建 74 家、安装 13 家、电气 14 家、卫生暖房 15 家。比较著名、实力较强的日本私营建筑企业有：上木组、今井出张所、石井组出张所、浅野水道工业株式会社、福本装饰店、奉乐园设计所、阿川组出张所、大仓土木株式会社、柳谷株式会社、鹿岛出张所、吉川组、清水组、久保田工务所、大林组、井组、三田组、语河桥梁株式会社等。据 1941 年《奉天市要览》所载"年用土建劳动力 28000 人，主要来自关内外的农民，从事木工、瓦工、力工劳务"，"日本建筑工人在建筑施工中多为指导工"。

可见，随着日本侵略者在沈阳势力范围的扩张，建筑业发展很快，建筑师和日本施工队进入沈阳，现代建筑设计思想和施工技术通过参与其中的中国技师和工人的学习，很快在沈阳普及开来，成为沈阳近代建筑史上一个极盛时期。

（3）控制新材料销售市场的优势

报纸、杂志作为大众传播的重要媒介，被日本殖民者充分利用，其初衷是为了宣扬日本的统治和文化，但在其以政治为目的的出发点之外，也带来了西方的建筑资讯和新兴的建筑技术。

日本中岛氏创办的中文《盛京时报》为当时的建筑行业提供了最快、最佳的宣传和传播渠道，洋灰、玻璃、东洋五金件等各种新材料和大仓组、奉天阜成建筑有限公司等新的设计及施工团体就是通过《盛京时报》的广告宣传来开发销路、扩大市场的。同时，《盛京时报》以时讯新闻的形式，将医院、大学、公园、银行、邮局等新类型的建筑特点以及功能需求宣传介绍给百姓。如"张总司令鉴于奉直战时，陆军病房之设备不充。更拟建筑一大规模之病院，平时治疗一般病人，战时专事人之救治。为此已派军医处长，赴日调查日本各大医院，为种种之预备。今闻建设之议略已决定投资大约六十万元，地址或在西关尚未决定。关于新建病院之计划，请日本赤十字森川副院长及医士守田福松氏充顾问，大约不久即当见诸实行云"[①]；"省兵工厂曾修建楼房一百余间，尚不敷占用。又添建楼房及机器厂一百八十间。

---

① 据民国十一年十二月六日《盛京时报》记载。

已由同庆昌包修计价二十七万元竣工期须在七月十五日云"①。更将国外大型品牌的建筑设备及施工工具间接介绍和引入沈阳，"德国西门子洋行与我国京津之电器设备因缘极深，亦世界著名之巨商，也今该洋行为扩张销路来奉设立分厂，于商埠地，今后东省之电料营业又将增一锯株"②；"东三省兵工厂各项制造厂均已设立，惟建筑房屋木工一项中国法术甚为笨拙，莫如外国做法较为便利，杨宇霆总办遂在工程处一赶造所所有木料皆以电机制造云"③。

1937年满洲土木建筑协会④迁来沈阳，协会办有《满洲土木建筑业协会会报》，每月出版一期，是日本为全面垄断东北建筑市场而发行的一种建筑刊物。满铁内部出版的《满洲建筑杂志》，更是将欧美最新的建筑咨询介绍到中国东北，其中设专栏介绍东北优秀的建筑实例，这些实例中大多为政府职能机构和重要的商业建筑，这类建筑采用最科学的建筑结构形式和最新的建筑材料，如《满洲建筑杂志》中对"奉天市厅舍新筑工事"工程介绍，涉及建筑构造、建筑样式、机械设备、主要构造材料和电气设备等建筑技术的介绍，这对先进的建筑技术知识起到很好的宣传和示范作用，同时杂志还以专题的形式介绍欧美建筑的建筑技术，如《满洲建筑杂志》第18卷中有对欧洲的5种窗构造的介绍；《满洲建筑杂志》第16卷中有对住宅与瓦斯、壁炉等采暖供热之间的关系的论述。

总之，日本殖民者通过多种报刊传播媒介，将欧美、日本最先进的建筑信息和建筑技术引进中国东北，并在沈阳迅速发展，促进沈阳近代建筑市场的现代化发展。

（4）重视建筑人才的培养

1911年"南满洲铁道株式会社"为了给铁道建设的发展培养技术力量，在大连成立了中等技术学校——"南满洲工业学校"，它是东北培养建筑人才的重要机构。虽然"南满洲工业学校"只招收日本学生，但其培养出的建筑人才大多服务于中国东北，对近代建筑发展就有重要的推动作用。学校设有土木、建筑、电器、机械、采矿等专业。建筑科由尾山贯一担任系主任，从它的课程配置（表2-3）中可以看出在三年的学习中，除建筑设计的基础课之外，还配置有同建筑学同等学时的构造设计、建筑材料、建筑卫生工学、附属设备、施工用诸机械等建筑技术相关知识。日本在沈阳建筑学会的成员，从"南满洲工业学校"毕业的学生有铁路总局工务处工务课荒井善治、满铁奉天铁道事务所工务课建筑系大庭政雄、奉天铁路总局工务课建筑系小泉正维、满铁奉天地方事务所山田俊男等8人，占学会总成员的

---

① 据民国十二年五月八日《盛京时报》记载。
② 据民国十二年十一月二十七日《盛京时报》记载。
③ 据民国十三年五月二十日《盛京时报》记载。
④ 据《沈阳建筑业志》记载，协会前身是满洲土木建筑业组合，创始于1908年5月17日。1928年10月在大连改建为社团法人，成立满洲土木建筑业协会，设有满洲土木建筑业协会奉天分会。

12.9%。可见，"南满洲工业学校"培养的优秀人才在日本驻沈阳的建筑界有着重要的地位和引领作用。

"南满洲工业学校"建筑科课程（1922 年以后）　　　　表 2-3

学科 \ 学年	第一学年		第二学年		第三学年	
	前期	后期	前期	后期	前期	后期
自在画	3①	3				
阴影与配景画法			2	2		
建筑学			3	3	3	
构造设计			3	3	3	
制图		2	8	8	1	
建筑史	2	2	2	2		
意匠装饰法			1	2	2	
意匠设计			4	4	6	
特种建筑设计法				2	2	
建筑卫生工学				1	2	
附属设备			1	1		
施工用诸机械					2	
实务（施工会计）						4
关系法规						2
规划及制图						16
实验与检查						7
现场实习					夏期实习	

2.2.2.2　建筑技术的引入具有日本第二代建筑师特点

在沈阳满铁附属地执业的建筑师，无论是官方的还是民间自主经营的建筑师大多具有日本第二代建筑师的特点。日本近代高等建筑教育始于日本的明治维新运动。1859 年日本对西方五国开放港口，此后欧风建筑盛行，规划及重要建设项目几乎全部依赖政府雇佣的外国人。1877 年英国建筑师康德尔受聘主持政府所设的"工部大学校"造家（即建筑）科，最早把英国建筑教育体系带到日本，其建筑教育方法成为日本整个国家建筑教育的重要源

---

① 表示每周该课程授课时数。

头。1879 年 11 月从工部大学造家学科最早毕业的 4 名毕业生有辰野金吾（1854—1919 年）、片山东熊（1853—1917 年）、曾弥达藏（1852—1937 年）、佐立七次郎（1855—1922 年）。到 1885 年 5 月第 7 届有 20 名（整个工业大学有 112 名）毕业生，主要是在官厅、学校工作，被称为日本第一代建筑师。1886 年，日本帝国大学工科大学开设了第一个真正意义上的西式建筑教育，奠定了建筑技术和学术发展的基础。

1874 年 2 月，康德尔引入了英国成熟的建筑教育方法，其中以建造材料、技术等学科为重点，这正好符合日本建筑教育对技术类知识与技能特别关注的特点。作为授课学科的有测量技术、材料力学、地质学、造家、制图学、绘画学等。1877 年 3 月工部大学最先开始重新修订学科，其中采取了康德尔的意见，内容上略有分化，作为造家的学科项目设有造家材料，瓦砖、下水管的制造，砂浆、水泥、混凝土制造等，以技术为中心。"造家"这个词的出现非常生动地诠释了日本当时的建筑学。

1885 年左右（即在工部大学末期），造家学开设了造家配景学、建筑材料、房屋构造、构造计算、造家理学、造家式沿革的来历以及意匠装饰的探讨、立约法（契约）、方法预算、造家装饰等课程，同时还有音响学、通风及炉壁技术、卫生方面的建筑等讲义。随着课程的完善，设计方面的教育内容也逐渐充实起来。《造家式的沿革》中这样写道："造家沿革的大意是对欧罗巴及亚细亚各国首要的造家技术的说明，埃及式、亚述式、波斯式、印度式、中国式、日本式、希腊式、伊特鲁利亚式、罗马式、拜占庭式、诺曼式、哥特式、再新（圆形屋顶）式、近世纪欧式等，另外还开设罗马以及中世纪的穹隆直立式方面的扇形穹隆式的讲义。"例如，根据相同时期的学习规则，土木专业毕业的学生若想进一步学习造家学的话首先要背诵上述的欧洲建筑的样式，其次"从诸多样式中选择其一写一篇短文并且按照你记忆中建筑样式的主要特征描绘出它的重点"，最后运用这些诸多样式之一设计一个大建筑，需有必要的图纸和说明书。

1886 年帝国大学工科大学成立，其与工部大学后期教育又有不同，教授大部分都是德国人。"德国传统的建筑教育突出特点是对工程技术方面的注重，更强调学习有关建筑建造技术方面的科学方法，设计要深入施工图的程度，要计算结构，考虑通风、取暖、照明设施等。训练时间更长、更严格，技术性更强，但对培养者的自由性和创造性鼓励并不多"。这一点从日本东京帝国大学的课程设置（表 2-4、表 2-5）中可以看出，技术课涵盖传统建筑技术（家屋构造）、建筑材料、现代建筑技术（铁骨构造）、建筑设备（卫生工学）、施工法、建筑条例、测绘测量甚至包括建筑加工工艺（制造冶金学）。

日本东京帝国大学建筑科课程（1886 年以后） 表 2-4

公共课	数学（1）①	史论课	建筑历史（1）
专业基础课	应用力学（1）	史论课	日本建筑历史（1）
专业基础课	地质学（1）	史论课	美学（2）
专业基础课	应用力学制图及演习（1）	史论课	装饰法（2）
专业基础课	水力学（2）	图艺课	应用规矩（1）
专业基础课	地震学（3）	图艺课	自在画（1, 2, 3）
技术课	家屋构造（1）	图艺课	透视画法（1）
技术课	建筑材料（1）	图艺课	制图及透视画法实习（1）.
技术课	日本建筑构造（1）	设计课	建筑意匠（1, 2）
技术课	铁骨构造（2）	设计课	计算及制图（1, 3）
技术课	卫生工学（2）	设计课	日本建筑设计画及制图（2）
技术课	施工法（2）	设计课	实地演习（2, 3）
技术课	建筑条例（3）		
技术课	测绘测量（1）		
技术课	测量实习（1）		
技术课	制造冶金学（3）		
技术课	热机关（1）		

东京高等工业大学建筑科课程（1907 年） 表 2-5

专业基础课	地质学	史论课	建筑历史
专业基础课	应用力学	史论课	日本建筑历史
专业基础课	应用力学制图及实习，地震学，数学	史论课	美学
技术课	家屋构造	图艺课	制图及透视画法实习
技术课	建筑材料	图艺课	应用规矩
技术课	日本建筑构造	图艺课	透视画法
技术课	铁骨构造	图艺课	自在画
技术课	卫生工学	图艺课	装饰画
技术课	施工法	设计课	建筑意匠
技术课	建筑条例	设计课	计算及制图
技术课	测绘测量	设计课	日本建筑计划及制图
技术课	测量实习	设计课	装饰法
技术课	制造冶金学	设计课	实地实习
技术课	热机关	设计课	实地演习

① 表示课程开设的学期。

分析在满铁附属地的日本建筑师可以看出，他们大部分是 1886 年毕业于东京帝国大学建筑学科的学生，秉持英国、德国建筑教育重技术、重欧洲现代建筑发展模式的设计观念；同时也接受了日本本国建筑历史与建筑技术特殊需求的课程学习，这使得他们懂得因地制宜的设计要求，对满铁附属地建筑技术的引入与适应东北地区气候特点的技术改进有很大的促进和推动作用。

2.2.2.3 日本建筑师及引入技术

沈阳近代日本建筑师根据所属机构的不同可分为官方建筑师和民间自主开业的建筑师。其中官方建筑师由日本在沈阳的殖民机构——满铁、关东都督府、伪满洲国所属的建筑课或工程部统一聘任；而民间自主开业的建筑师相对自由，来沈阳开拓自己事业的建筑师、官方建筑师与自由创业建筑师没有明确的界限，建筑师可根据自己发展的需要而转换。如相贺兼介曾至横井建筑事务所、共同建筑事务所工作，再回到满铁，曾为该"官厅营缮组织"之国都建设局建筑科主任。而横井谦介 1920 年从满铁辞职，设立横井建筑事务所，1923 年并入小野木横井青木共同建筑事务所。所以在沈阳的日本建筑师按专业基础可以分为两类：从欧美学习归来的建筑师，如 1914 年毕业于美国康奈尔大学的松田军平，1921 年哥伦比亚硕士毕业的太田宗太郎；在日本间接学习欧美建筑体系的建筑师，如 1893 年毕业于工部大学校造家学科的三桥四郎，1905 年 7 月毕业于东京帝国大学建筑学专业的中村与资平。

太田宗太郎在沈阳的代表建筑作品之一为大和宾馆（图 2-32），1927 年设计，1929 年竣工，与横井谦介共同设计（图 2-33）。大和宾馆是作为满铁直接经营的宾馆建造的（图 2-34）。

满铁为了吸引和满足日本人和西方人所需的高标准生活服务要求，邀请小野木·横井共同建筑事务所、中村建筑事务所、井手建筑事务所、德国人拉维奇等四家事务所或建筑师举行设计竞赛，来决定大和宾馆设计方案。最后，小野木·横井共同建筑事务所以第一名而获设计权。大和宾馆代表了 20 世纪 20 年代沈阳大型饭店的设计水平和建筑技术（图 2-35）。

这是一栋钢筋混凝土结构的四层建筑物，设有带乐池的宴会厅和台球室等，因而成为在沈外国人的一个社交场所。其外立面有连续拱券，三、四层开始逐层后退，而两侧呈八角形平面的楼梯间向前突出，从而突出建筑物的轮廓线。主要意向为模仿 19 世纪末 20 世纪初美国的商业街建筑、办公建筑中常用的连续拱券处理。

对于建筑技术的应用有几大特点（图 2-36~ 图 2-39）：首先，现代建筑结构形式。该建筑采用的是钢筋混凝土结构，建筑虽然只有四层，但融合了多种空间形式，如充分利用高差的半地下室空间，两层通高的招待大厅，还有三层的中厅空间，适宜宾馆房间分割的柱网，可上人的屋顶平台，这些都是现代建筑结构带来的空间上的变化。

图 2-32 大和宾馆俯视
全景
图片来源：沈阳建筑大学建
筑研究所

图 2-33 大和宾馆近景
图片来源：沈阳建筑大学建
筑研究所

图 2-34 大和宾馆远眺
图片来源：沈阳建筑大学建
筑研究所

图 2-35　大和宾馆建设中
图片来源：沈阳建筑大学建筑研究所

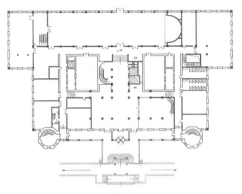

图 2-36　大和宾馆一层平面图
图片来源：沈阳建筑大学建筑研究所

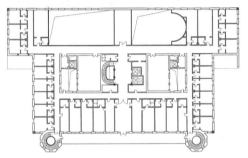

图 2-37　大和宾馆二层平面图
图片来源：沈阳建筑大学建筑研究所

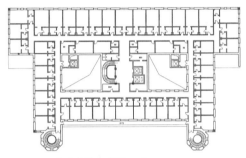

图 2-38　大和宾馆三层平面图
图片来源：沈阳建筑大学建筑研究所

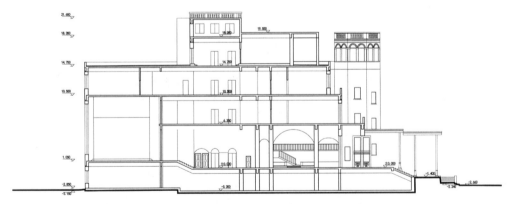

图 2-39　大和宾馆剖面图
图片来源：沈阳建筑大学建筑研究所

　　其次，建筑材料的使用。大和宾馆在外立面材料选择了浅绿偏灰白色的瓷砖，给建筑清新的感觉，再加上连续拱券的外廊，现代技术与古典样式完美结合。

　　最后，使用现代的建筑设备。大和宾馆建成于 1929 年，由于定位是较高级别的宾馆，所以建筑的配套设施与设备也是现代建筑中比较先进的。该建筑共有三部电梯，客房中标准间的洁具与设备，虽然当时在沈阳甚至国内并没有自主生产，需要依靠进口欧美或日本，但在设备的使用、安装与预留管井的施工中，中国工人掌握了现代建筑设备的施工工艺。

　　日本本国建筑师设计的奉天放送局（图2-40、图2-41）。沈阳最早的广播电台成立于20世纪20年代，是在张学良的大力扶持下，由东北无线电长途电话监督处处长张室创办，兴建了沈阳、哈尔滨两座广播电台。沈阳台址选在商埠地，委派东北无线电专门学校工程班毕业的曹恩敷与德国西门子公司工程师罗西士负责安装广播发送机全套设备，于1928年10月正式播音。1933年，日伪在东北建立"满洲电信电话株式会社"，接管哈尔滨、沈阳、大连放送局，决定在现址建造奉天放送局舍，由"满洲"电信电话株式会社营缮课设计，池内市川工务所施工，于1937年6月10日开始建设，1938年4月30日竣工，同年改为奉天中央放送局，并进行扩建，增设两个播音室和一个演奏室。虽然这栋建筑面积仅为3000m²，且建筑整体为1层建筑，局部有小塔屋、屋脊顶形式，但无论是建筑样式还是建筑技术都体现了在日本间接学习欧美建筑的转译特点。

　　首先，建筑样式与材料体现和风建筑特点（图2-42~图2-43）。建筑采用了现代的建筑材料混凝土、水刷石、钢砖条与体现日本和风建筑风格的材料琉璃瓦相结合的方式，样式上采用日式大屋顶、中式简约斗拱与西洋三段式的设计手法相结合。建筑采用钢筋混凝土结构，立面划分为三段式——上段为黄琉璃披檐，檐下为起装饰作用的斗拱层；中段墙身由黄褐色面砖贴饰，与勒脚的白水刷石饰面形成色彩与轻重的对比。通过这些细腻的手法及对比例的适度掌握，使得立面形成视觉上的三段式，既丰富而又点到为止，是现代与传统相结合的成功范例。

　　其次，建筑的基础与墙厚的多样设计。奉天放送局的建筑基础没有按中国传统的建筑施工方式，如统一挖槽、筑灰土，而是根据不同的功能需求而采用不同的基础与墙厚的处

图2-40　奉天放送局1
图片来源：沈阳建筑大学建筑研究所

图2-41　奉天放送局2
图片来源：沈阳建筑大学建筑研究所

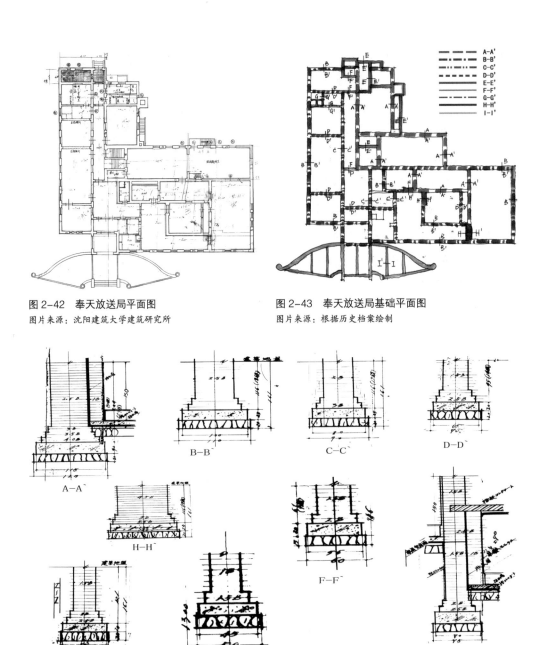

图 2-42 奉天放送局平面图
图片来源：沈阳建筑大学建筑研究所

图 2-43 奉天放送局基础平面图
图片来源：根据历史档案绘制

图 2-44 奉天放送局基础详图
图片来源：根据历史档案绘制

理方式。该建筑的基础形式一共可以分为九种（图 2-44），其中关于建筑墙体基础的主要有八种：A 为播音室的围合墙体，因为播音房间要用吸声材料，所以要做防水层，以确保室内的干燥，所以此基础为 1.5B+1B 厚度有防水层的墙体；B 墙体为普通建筑的外墙，深为

161mm，由 110mm 宽逐级递减为 2.5B 墙厚；C 墙体基础为室内纵向隔墙，承担建筑的纵向荷载，所以建筑基础为 90mm 厚逐层递减为 2B 厚墙体；D 墙体基础为房间分割室内的隔墙，建筑墙体厚度为 1.5B 厚；E 墙体为播音室内的分割内墙，所以在 1.5B 的基础上又增做 1B 的防水层；F 为走廊内的隔墙，60mm 基础宽度，墙体为 1.5B；G 墙体是普通室内的分隔墙，也是建筑中最薄的墙体，基础为 50mm 宽度，墙体厚度为 1B 厚；H 为建筑中最厚墙体也是基座尺度最大的门窗洞孔处，墙的厚度为 4.5B。从该建筑精细的墙体基础设计，可以推断出当时现代施工技术已经炉火纯青（图 2-45）。

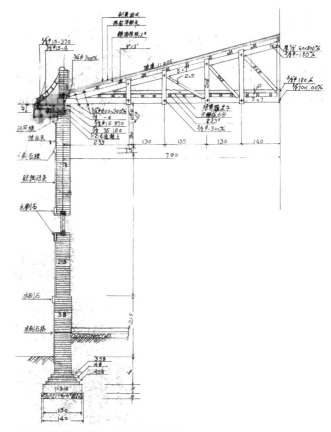

图 2-45　奉天放送局外墙体剖面详图
图片来源：根据历史档案绘制

再次，建筑的细部构造体现日本建筑技术在沈阳的适应性发展。在平屋顶屋面，建筑采用钢筋混凝土屋面板，上铺设防水层再铺以干水泥，室内屋顶在灰条顶棚下加设防噪声装置，室内的地面在水泥地的基础上再铺设防噪声装置。坡屋顶采用坡度为 1：0.25 的屋面板，三角形木桁架体系，板条与板条的交接处用螺丝与铁条固定，屋面刷臭油防腐。屋顶的防寒处理是日本建筑师传习了俄国的技术做法，即在顶棚板上铺设 15cm 厚的锯末子作为屋顶的保温。同时坡屋顶挑檐在局部使用了钢筋混凝土结构（图 2-46）。

总之，在沈阳的日本建筑师在技术传承上呈现出以下特点：①在建筑的空间组织和建筑样式方面，更多地接受了西方的设计思想与手法，并将对日本文化的理解融入其中，形成具有一定和风特点的西洋样式。②在建筑的技术方面，直接引进了西方的成熟技术，并将经过在日本实施应用后的具体技术和建筑材料引入沈阳，又结合沈阳本地的具体条件再次进行了适应性的探索与改良。

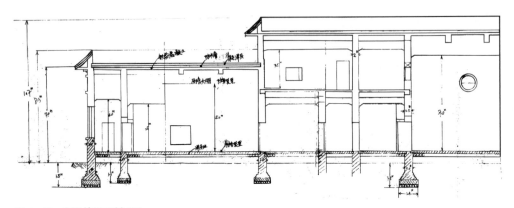

图 2-46 奉天放送局剖面图
图片来源：沈阳建筑大学建筑研究所

2.2.3 本土工匠的"模仿"与"创新"

中国本土工匠在沈阳近代建筑技术传播过程中学习模仿并通过与传统地域性建筑技术的融合，进而扩大传播范围和影响力，他们对近代建筑技术纯熟的应用和掌控，标志着沈阳近代建筑真正地发生转型并与其他现代城市并轨发展。

沈阳的中国本土工匠承担重要的学习和扩展新型建筑技术的传播角色，这与他们本身的特性有着密不可分的关系。

首先，他们具有纯熟的中国传统建筑技术基础。沈阳作为后金的都城和清王朝的陪都，自古非常重视城市建设和建筑的发展，城内留有大量的文物古迹。如 1625 年开始兴建，1636 年建成的沈阳故宫（图 2-47）；1627 年建造的南清真大寺；1628 年建佛教寺院慈恩寺；1636 年筹建实胜寺；1643 年始营建皇太极及其皇后的陵墓昭陵（图 2-48）等众多皇家陵寝。这些建筑集聚了当时皇家最高水准，所以修建的工匠们也借此掌握了最精湛的施工工艺，特别是对青砖的使用纯熟。沈阳是满族的"龙兴之地"、祖先皇陵之所在，自 1644 年顺治入关后，作为陪都，沈阳依然聚集着巧手的工匠承担皇家建筑群的修缮和维护。特别是雍正、乾隆、嘉庆、道光等皇帝在位时，为了巩固边防、参谒祖宗陵寝，先后 11 次东巡。每次出巡时，都要将宫殿、陵寝、庙宇等整修一新。满城商贾云集，热闹非凡，对沈阳经济的繁荣与发展起到很大推动作用。由于沈阳冬季漫长而寒冷，太阳入射角低，日照时间短，所以工匠们在长期与自然气候共存的条件下，借鉴少数民族的建筑技术经验，总结出一套适应地域气候的民居建筑技术。通过这些官式建筑项目和具有地域特色的民居培养锻炼了沈阳工匠的技术水平，从这些建造活动的起止时间可以看出，当时它们几乎同时进行，可见当时沈阳城里呈现的是怎样一片大兴土木的景象。这种集中、大量的

图 2-47　沈阳故宫

图片来源：作者拍摄

图 2-48　沈阳清昭陵全景

图片来源：沈阳建筑大学建筑研究所

建造活动，是在强大的政治、财政力量的支持和具有较高建筑技术的营建队伍的努力下完成的。

其次，他们具有学习外来文化的精神。由于清政府多次的移民出关政策，使关内汉人流徙东北者逐渐增多，形成沈阳多民族的人口构成。由于大部分的移民者为关内的难民和小商品生产经营者，同样的为生计奔波的目的，共同的思想意识，使他们很快与当地的居民融为一体，形成了开放、好学、适应性强的性格特点。特别是进入近代，由于南满铁路、京奉铁路、安奉铁路等的修建，让人与人之间的沟通频繁，正如司督阁先生回忆 1913 年的沈阳时说道："满洲现代化进程之快在世界上都是少有的。如今，人们可以在星期一上午 9 点钟从伦敦出发，11 天后，即星期五的下午，就可以乘坐舒适的小轿车穿行在奉天的大街上，与 30 年前相比，确切地说与 13 年前相比，社会进步是巨大的。"为提高工作效率和满足业主的各种需要，来自不同地域的工匠们彼此合作交流，融汇精华，促进了沈阳近代建筑技术的传播与发展。

再次，本地工匠一直是沈阳建筑市场的主力军，具有坚实的群众基础和强大的影响力。沈阳地区的建筑队伍发展随着漫长的社会变迁和建筑生产实践逐渐发展起来。

泥木作坊是沈阳建筑行业的雏形。作坊规模虽小，但集聚了多个工种和来自关内外不同地域的匠人，靠采取包工不包料或包工包料等几种方式承揽一般的民用建筑。

1840 年鸦片战争后，中国沦为半殖民地半封建社会，被迫开放门户，帝国主义的侵略势力也侵入东北。一些并非建筑师的外国人来到中国，他们在草绘图样后，由中国建筑工匠施工。有的外国人干脆把外国的建筑图样拿来，叫中国建筑工匠依葫芦画瓢。有的外国商人凭着想象，自己绘出草图后，交中国建筑工匠建造，工匠用中国的传统技术和材料在施工过程中摸索着西方的建筑样式。1898年后，随着"奉天商埠"的开辟，以及日本、俄国等帝国主义者在"奉天"的政治、经济、文化势力的侵略，加上清政府办洋务、民族工商业者兴实业，使沈阳地区的近代建筑大批出现。西方建筑技术、建筑材料、施工方法的传入使得沈阳地区传统的泥木作坊面临巨大的挑战，一部分泥木作坊因无力承担新型的建筑工程而倒闭。大型建筑从设计到施工大多依赖外国人，这种现实与市场刺激着传统的建筑工匠们，他们迫切需要通过发展自身来改变困境。一部分泥木作坊主及工人，在新的施工技术挑战面前，努力使自己适应，并逐步学会新的施工技术，向具有近代化的施工组织——营造厂或建筑公司迈进，这样到了1908年前后，沈阳地区开始出现一批素质较高，可以按图施工，包工包料的私营建筑企业。到1911年以前，沈阳地区的私营营造厂或建筑公司主要有冯记营造厂、项茂记营造厂、永茂记营造厂、复元建筑公司等。

最后，在竞争中思辨。近代，沈阳的建筑市场存在着多股力量，传统工匠、西方建筑师、日本建筑团体、俄国工程师、中国留学归国建筑师，彼此之间争夺一个共同的市场，致使沈阳近代建筑市场存在着激烈的竞争。这迫使专业知识最匮乏的本土工匠在竞争中思辨，为了生存努力学习西方的建筑样式，熟悉西方的建筑材料，掌握新型建筑材料的施工工艺，识别图纸、计算建筑造价、现代的管理模式等新知识、新技术。因此建筑工匠在此期间充分表现出了对外来文化的理解和适应，并与中国传统建筑文化迅速糅合、交融的智慧和能力。沈阳近代营造业的巨大变化，主要表现在技术、观念、经营三方面。他们首先在建筑施工方面取得了重大突破。从对新结构、新技术的一无所知，至20世纪初，开设中国人的营造厂。中国传统建筑工艺在近代建筑中也找到了自己的位置，在有着复杂烦琐装饰的巴洛克、古典式建筑施工中，沈阳的木工大显身手制出精巧的木模；泥工、粉刷工凭着一把泥刀，将西式建筑内外部花卉草木图案做得线条流畅，富有神韵，至今仍然光彩照人。传授技艺上也从师授父传转变为主动学习，自觉提高自身的技术素质。观念上也发生转变，从供奉祖师转变为尚贤重才，从内向型转变为外向型，要求社会承认本行业地位的思想日趋强烈。经营上也从自然经济转变为商品经济，从个体分散转变为集约化经营，从单一营造转变为跨行业投资经营，经营地域从本土转变为全方位开放。这些努力和变化，使本土工匠成为沈阳近代建筑业的主力军。

2.2.4 中国本土建筑师的"学习"与"探索"

1921年，沈阳逐渐出现由中国本土建筑师自行开办的建筑公司。这些建筑师大多是曾在国外学习建筑专业的知识分子或国内学校培养出的专门人才，他们的出现结束了外国建筑师对西方建筑技术在设计过程中的垄断和施工过程中的保守，促进了沈阳建筑技术真正向现代建筑技术的过渡和转型。他们对建筑技术的传播主要通过以下三种方式和渠道。

2.2.4.1　从外国洋行或打样间中学习建筑技术

第一种方式是从外国洋行或打样间中通过实践逐步掌握现代建筑技术，并通过指导项目施工传播给中国工匠，工匠再大规模推广使用和传播。清末民初，许多中国人在外国洋行、测绘行等建筑机构中求职、实习，学到了绘图、测绘以及设计等职业技能和钢筋水泥等新兴的结构技术，在长期的实践中逐步掌握了新结构、新材料和新设备的设计和施工技巧。随着他们能力的逐渐提高，在机构中获得了建筑师的职位，并且担当要职，还有的独立开办了事务所。他们在沈阳近代的建筑市场占有很大的比重，是早期的中国建筑师，尽管未受到正规的建筑学教育，但为沈阳近代建筑技术的传播做了很大的努力。在这一时期，他们改变了过去中国工匠只能承包一般民房、客栈、商号、小工厂等建筑的情况，具备了设计和指导施工大型建筑的能力。如在天津法国一品建筑工程司学习建筑绘图的阎保仲和主修建筑工程的刘锡武，学成后分别来沈从事建筑师的工作；沈阳籍富景泰跟随俄国工程师德鲁仁宁先生学习设计绘图等工程两年，掌握了建筑绘图设计工程的主要技能，并于 1926 年在沈阳自创文昌建筑绘图处，正式对外营业；同时还有沈阳籍高玉书曾在日本爱源县温泉郡受福己四郎先生指导绘图设计，回沈后即成立玉兴建筑绘图处。

刘锡武生于 1892 年，河北省宝坻县（今天津宝坻区）人，民国元年（1912 年）时入天津法国一品公司学习工程至民国十三年（1924 年）后任奉天马克敦建筑公司工程师，擅长土木建筑，后到义川公司任建筑工程技师同时兼任经理。曾参与的建筑工程有天津南开大学楼房、大沽口无线电台、北戴河海宝医院、同福饭店、辽河上游河工水闸、奉天英美烟草公司、青年会各项楼房、中和福建筑楼房等。

在参加奉天基督教青年会的工程时，他的出色表现得到丹麦著名建筑师艺术华的赏识，艺术华在 1925 年 10 月 24 日给市政公所工程处的信中（图 2-49）这样写道："他（刘锡武）作为义川公司建筑的负责人，表现出极强的工作热忱。欣赏他的专业技术和能力以及对专业的热爱。"

图 2-49　艺术华的推荐信
图片来源：沈阳市档案馆藏

2.2.4.2 从国外留学归国

第二种是从国外留学归国专修与建筑相关专业的中国学生。他们满怀热情，将在国外学到的建筑知识带回中国，并通过在沈阳从事的实践建筑项目传播西方的建筑技术。

留学国外的建筑师学成归国，使中国建筑师队伍得到了扩大和充实，逐步在沈阳建筑市场形成了一股强大的势力。据统计，1930年，沈阳地区本土私营建筑承包企业达到75家。其中多小、华兴、同兴顺、冯记、阜城等为代表建筑企业。东北沦陷时期，沈阳地区的中国人建筑企业受到日本对市场的挤压和控制，只有131家，其中以同兴土木建筑公司、复元土木建筑公司、四先贸易建筑公司、沈阳土木建筑公司、复兴土木建筑公司、复记建筑公司等企业实力较强。

这些留学归国的学生大多经过国内各地严格的选拔，是当时青年中的佼佼者，不仅具有较高的国学修养，而且还有广博的西学知识；他们留学于国外多所高水平的大学之中，比较全面地接受到当时国外的建筑思想和最新的建筑技术知识；他们留学在外时不仅刻苦，而且成绩优异，回国后又恰逢中国近代城市迅速发展的高峰阶段，面对广大的市场，很快就有机会独立承揽大型建筑项目，这无疑为他们提供了迅速成长的机会。他们饱含建设家园的爱国热情，致力于将国外所学回报给社会，将国外的建筑技术引入并传授给与他们合作的同事和施工的工匠们。留学美国宾夕法尼亚大学建筑学专业，回国后加入天津基泰工程公司的著名近代建筑家杨廷宝先生，在国内的开山之作沈阳北站（图2-50），就位于我国第一条自主修筑的铁路：京奉铁路的端点，他将主体大厅的屋顶设计成一个由半圆形钢筋混凝土筒拱拱顶，拱脚下为捣制的混凝土梁柱。

穆继多，1899年生人，字续昭，沈阳人，1920年入北洋大学冶金工程系学习，学制四年，期满毕业。毕业后留学美国哥伦比亚大学，主修矿冶专业，1926年毕业。

由于该校的采矿课程设置与建筑课程大致相同，有建筑制图、静力学、动力学、材料强弱学、地基山洞学、地形测量学、地质学、图解力学、建筑学、矿山测量学、矿山房屋建筑学等，这些科目均为采矿科所必需的功

图2-50　沈阳老北站
图片来源：沈阳建筑大学建筑研究所

课，在工程类专业中融入了建筑学必修课的知识。

留学期满归国后，穆继多在沈阳创办了多小建筑有限公司，在沈阳设计了位于沈阳中街地下一层、地上二层的利民商场；电话、电梯、电扇、暖气等现代化设施齐全的西式五层营业大楼吉顺丝房等大型商业建筑，同时规划设计了沈阳冯庸大学并承包教学楼、工厂、宿舍等建筑工程。多小建筑公司是沈阳当时较大的私营建筑设计公司之一，主要承接沈阳大型的建筑设计，公司内部管理已经有设计师、绘图人和审图人的分工，同其他大城市的建筑设计事务所接轨。公司聘有建筑设计人叢永文（丈）① 和刘长龄，绘图人员有凌锦山和施云峰。穆继多带领他的多小股份有限公司在沈阳承揽了诸多建筑，成为沈阳近代建筑史上一位极其著名的建筑师，后任冯庸大学教授。

这些由国外留学归国、专修建筑专业的建筑师们，是中国第一批从海外通过学习直接掌握正统建筑教育的建筑师。在经济允许的情况下，他们尽自己最大的努力引入新的建筑技术和建筑材料，并尽可能地挖掘本土材料的特性，通过技术指导将其所掌握的知识传授给施工的工匠，由于共同的语言和生活环境，他们的指导更利于工匠的掌握和信服，因此这些建筑师是推进建筑技术近代化的主力军，为沈阳的近代建筑技术的现代化做出了巨大的贡献。

2.2.4.3　从事建筑教育

第三种是国外留学归国的留学生成立传授建筑技术学科知识的建筑院校。自古，中国的建筑技术传授方式是遵照师徒传授和父传子的世袭制度，而教授建筑技术科学知识最早是以土木工程课为开端的。1866 年洋务派兴办的军事学堂是中国最早开设的土木工程课程；最早设立土木工程专业的高等学校是创办于 1895 年的天津北洋西学学堂。真正开始传授以建筑学为基础的建筑技术教育是国外留学生们归国后才正式开办的，1923 年设立的苏州工业专门学校中的建筑科为最早，属中等专业教育。至 1949 年止，全国设有建筑学专业的高校共有 14 所，创立这些建筑系的都是归国留学生。

1928 年毕业于宾夕法尼亚大学建筑学专业的梁思成先生和林徽因女士在张学良的邀请下为沈阳东北大学创办了建筑系，随后梁思成又力邀才华出众的童寯、陈植等美国宾夕法尼亚大学校友共同加入东北大学建筑系，东北大学建筑系的"建筑设计课由梁思成、林徽因、童寯、陈植教授担任；结构设计课由蔡方荫教授担任，暖气通风课由彭开煦担任，绘画写生由孔佩苍担任。建筑系还从欧美和日本购进一些古代和现代建筑的幻灯片，以配合宫室史（即西洋建筑史）的教学"。可见，此时建筑系的教师队伍极为强大。虽然由于"九一八"事变，

---

① 档案不清晰，无法明确。

东北大学建筑系的师生被迫漂流在关外，但东北大学建筑系的创办却代表了这一时期东北建筑教育事业的兴起，同时也客观反映了当时社会对具有较高专业素质的建筑师的急切需求。

正是通过这些留学国外专修建筑的学生将国外的建筑技术成系统地、科学地传授给本国学生，才培养了我国第二代、第三代建筑师，同时奠定了当今建筑教育的基础，播下传授科学的设计方法和新材料、新技术知识的种子，让它们更加广泛地传播和引起社会的关注与重视。

在近代时期，完成建筑技术传播任务的主要有西方传教士、西方专业建筑师、日俄殖民建设者以及本土的工匠和中国本土建筑师。而他们又因为受专业学习的程度不同和在社会中担当角色与任务的不同而呈现不同的传播方式和渠道。

以西方建筑技术为基础，通过传播路径的不同，将其分为"直接导入式"和"转译嫁接式"。

首先，采用直接导入式传播方式。其一为西方传教士，他们在对传教场所、生活环境的营造和构建中，无意识地将他们所熟悉的建筑技术和材料引入沈阳，并且在同中国工匠的合作中，通过本土建筑材料和技术创新，设计具有西方建筑样式并且满足新功能需求的建筑空间。其二为西方设计师的"示范"。西方建筑师是最直接将西方成熟的建筑技术传入沈阳的技术人，但由于地域的差别和材料以及配套设施的限制，建筑技术在传入的过程中出现了适应性的变革。

其次，采用转译嫁接式传播方式。主要是指西方现代建筑技术通过不同渠道的传入而出现不同的传播特点。俄国建筑技术是通过中东铁路的修建与通车而传入沈阳，在传播过程中融入了俄国寒冷地区的建筑技术。日本建筑者将从本国吸收消化后的建筑技术（即经过西方与日本融合后的日本近代建筑技术）转传入沈阳。中国本土工匠则是通过在工程实践和施工中模仿、学习并且融合自身潜在的传统建筑技术意识，创造出更适宜的建筑技术。中国本土建筑师通过打样间和专业学校学习将西方建筑技术引入沈阳，学以致用，将技术推广传播。

各类建筑师又因为背景、从业环境和目的的不同，呈现不同的传播路径，无论是直接导入式中的亲传与示范，还是转译嫁接式中的模仿与口传身授，可以看出在沈阳近代建筑技术传播过程中，建筑师起到关键性的作用，建筑师出身的不同，受教育程度的不同直接影响到建筑技术的应用和推广。

第 3 章　新结构与新构造的引入与适应性技术

纵观新结构与构造技术在沈阳的应用，可以清晰地看出以下三种结构体系在沈阳发展的同时性和影响的均好性：砖木结构应用最为广泛，民间广而传之；砖混结构最为适用，既彰显建筑气势，又满足结构安全；钢筋混凝土结构虽然没有被大范围推广，但其促进建筑技术的现代化发展，影响深远。

3.1　新型砖木结构体系的出现及普及应用

砖木结构，主要是指建筑物中竖向承重结构由砖或石等砌块砌筑构成，横向构件如楼板、屋架则由木结构组成的一种砖木混合结构形式。砖木结构在清末时期随着西方文化的传入而进入中国，并且成为诸如北京、上海、南京等大型城市近代初期重要的建筑结构形式。

砖木结构的建筑贯穿于沈阳近代整个时期，应用于住宅、学校、宗教、商业、交通等各种建筑类型，是沈阳近代应用最为广泛的一种结构形式，分析其如此具有生命力的原因，主要有以下几点：

①砖木结构基本属于对地方传统做法的延续与发展。砖木结构同中国传统建筑结构体系采用的均是砖、木，本土工匠利用传统的建筑材料、传统的黏合技术即可实现砖木结构，材料的同源性使工匠们面对新结构形式时没有抵触和陌生感，而是通过主动的观察和模仿，且富有热情的"创新"，保证了砖木结构在传播过程中的持续生命力。

②结构合理。一种结构体系替代另一种落后的结构体系，是由环境、效率、经济、需求、材料供应等多方面因素决定的。砖木结构与中国传统的抬梁式相比，首先，受力更加合理。中国传统的抬梁式屋架体系无论是屋顶的自重还是外力荷载最后都需要由最下端的梁来承担，如果为保证或增加横梁抗荷载的能力，需要高大的粗木，因此抬梁式木屋架对材料的选择条件苛刻；而三角形木屋架利用三角形不变体系原理通过多个杆件的组合分担荷载，杆件间内力简单，没有弯矩和剪力，只承受轴力，而木材本身的材料性能是承担轴力比承担弯矩的能力要大得多，可见，三角形木屋架通过竖向杆件，将力均匀地分散在梁上，改善了中国传统的抬梁式结构受力不均匀，集中力大的结构缺陷，最大限度地发挥材料的承担力性能，

受力合理。其次，砖木混合结构为创造大空间、多层建筑提供技术支持。砖木混合结构的承重体系是在承重砖墙或砖柱上搁置木构屋架，相对于传统木结构体系牵一发而动全身的情况，砖木混合结构使上下部结构相对独立起来，建筑本身的层数、开间、高度，平面形态发生变化时，对上部屋架的影响相对减少，解决了传统建筑结构体系空间跨度受限制的弊端，满足近代时期新政治体制下对各种不同建筑空间的需求。上层建筑对技术的需求程度是促进该项技术向正统方向发展的有效保证。

③经济适用。砖木结构，利用五金件来固定完成构件间的加固和稳定，解决了传统建筑形式对材料的严格限制，节约了材料的成本；同时，砖木结构施工速度快，易于模仿、学习和实际操作，施工成本低，经济适用是促进砖木结构建筑在民间广泛传播推广的基础和重要的原因。

正是因为在沈阳近代不同城市行政管理体制下，砖木结构以结构的合理、建筑材料来源的可靠、施工的快捷、操作的难度低以及经济的合理性等特点，贯穿了沈阳整个近代时期。

3.1.1 以宗教建筑为引入开端

最早的砖木结构是随着清末西方传教士在沈阳传教地位的确立，并开始置地建房为契机而进入沈阳的。

（1）"标新立异"的西式建筑

1875年，法国天主教神父方若望耗资三万法郎在沈阳小南购得土地，筹建西式教堂；1889年英国传教士罗约翰在大东门外修建能容纳800人的沈阳基督教会东关教堂。虽然这两栋建筑在1900年义和团运动中均被焚毁，无从考证其具体的建筑细节，但毋庸置疑，小南天主教堂、基督教东关教堂是沈阳最早的西式建筑，从此沈阳开始出现同以往完全不同的建筑样式和结构形式，本土的能工巧匠们也开始与西方传教士一起，尝试用熟悉的材料——木材、青砖来营建具有西方建筑风格的教堂建筑。目前现存最早的西式砖木结构建筑是1907年在原址重建的基督教东关教堂（图3-1）。建筑内部采用砖砌筑的连续拱券墙承重，这种做法在之后的近代建筑中也常有应用，如冯庸大学医院（图3-2）也是用采用这种砖砌方式；基督教东关教堂建筑也是目前在沈阳现存最早采用三角形木屋架的建筑（图3-3）。

（2）"中厨西做"的砖木结构

这些宗教建筑是沈阳老城区对西式建筑的最初探索和尝试，是在西方传教士和中国工匠的指导实施、磨合探索中修建而成的，是利用传统的本土建筑材料完成西式建筑结构的创

图 3-2 冯庸大学校医院
图片来源：民间收藏家詹洪阁先生提供

图 3-1 基督教东关教堂
图片来源：民间收藏家詹洪阁先生提供

图 3-3 基督教东关教堂室内
图片来源：沈阳建筑大学建筑研究所

新尝试，更加注重样式的模仿。

　　1912年由法国传教士梁亨利设计筹划重新修建的小南天主教堂，亦是利用砖木结构来实现对大空间的追求的典型实例，建筑采用中国传统青砖砌筑承重墙体和三角形木屋架，室内利用板条抹灰模仿哥特式四分拱顶造型。从工匠在板条抹灰的外面又涂抹一层具有青砖质感的青灰，并勾缝画出砖的形式中可看出，虽然当时工匠们在西方传教士的指导下修建了具有西式风格的砖木建筑，但西方哥特式教堂中的飞扶壁、尖券等结构技术并没有随之而传入，而用青砖抹灰雕画则是中国传统建筑技术在近代建筑中的延续和创新。

　　由刘锡武负责施工的基督教女青年会于1926年修建，该建筑属于砖木结构建筑，由西方建筑师设计，中国建筑师配合施工，所以在该建筑体现了中西建筑技术的融合和在打样间、洋行实践中培养成才的建筑技术人的特点。

　　首先，刨槽基础与地下室空间（图3-4）。基督教女青年会的基础为普通的刨槽基础，但由于有地下室空间，所以将平面基础分割成四个独立的部分，挖掘不同的深度，夯实。

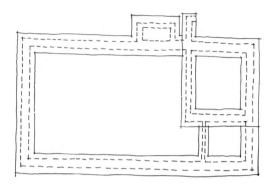

图3-4 基督教女青年会基础图1
图片来源：作者根据历史档案绘制

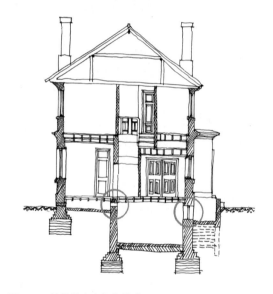

图3-5 基督教女青年会基础图2
图片来源：作者根据历史档案绘制

根据不同的深度和用途采用不同的地面处理方法，建筑的一层地面在夯实灰土地面后，分隔出防潮层，上面铺设木地板，而在一层地板地面和灰土地面之间的防潮层正是地下室空间的通风口，同时由于通过建筑外的楼梯下到地下室，所以该建筑通过室外楼梯的高差，在地下室开设高侧窗用来采光，形成良好的空气流通和对流。

其次，建筑的结构体系。基督教女青年会采用的是在沈阳近代应用最为广泛的砖木结构体系，砖墙承重，楼板为木龙骨板条楼板，除最外围的承重墙其他为板条抹灰隔墙，建筑采用三角形木屋架屋顶形式，但内部桁架并没有采用最符合力学原理的三角形桁架体系，而是通过焊接交接点来增强承受力强度的矩形桁架（图3-5）。推断采用这种形式的原因有三，其一，利用屋顶空间，但是在平面图中（图3-6、图3-7）并没有固定通往阁楼的楼梯，在屋顶的立面图中也没有通风采光的对外窗户。其二，施工方面，此种桁架构成比三角形桁架少一个需要固定的节点，施工起来更方便。其三，设计原因。通过对沈阳的屋顶结构形式的调查，基督教女青年会、青年会馆、基督教神学院均采用了类似的屋顶形式，隶属于同一教会机构，由共同的建筑机构设计，所以采用了同样的形式。

再次，建筑的取暖设施。对于沈阳的地域环境，冬季取暖是建筑设备中的重中之重，由于传统的建筑基本为一层空间，所以在民居中通过火炕、火墙来取暖，办公建筑利用火盆取暖；在基督教女青年会中，采用西式的壁炉，上下层共用，同层每两个房间共用一组烟囱管道的横纵交错模式（图3-7），同时形成丰富的屋顶样式。

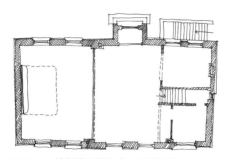

图3-6　基督教女青年会一层平面图
图片来源：作者根据历史档案绘制

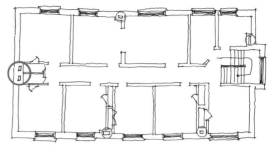

图3-7　基督教女青年会二层平面图
图片来源：作者根据历史档案绘制

基督教女青年会是中西建筑师共同努力下的产物，这些通过工程实践学成的建筑师们，虽然掌握的建筑知识或许不系统、不全面，但却是最符合中国国情，也是最适用可行的。他们基本掌握了西方建筑设计绘图的方法与过程，对有别于中国传统建筑的结构，特别是当时被市场认可和广泛推崇的结构形式和材料有自己的理解

图3-8　基督教青年会
图片来源：沈阳建筑大学建筑研究所

和认识。因此他们最先被业主认可，不仅承担起建筑设计工作，同时也是外国建筑师同中国本土业主沟通的桥梁，是传播的纽带。他们首先在北京、上海、天津等开放较早、受西方建筑文化影响较大的城市中的外国建筑师的事务所或打样间潜心刻苦学习，当自己能够独当一面时，到沈阳来开拓自己的事业，同时又培养了大量建筑技术人才。可以说他们是在建筑院校培养出建筑师之前，建筑设计领域承上启下的生力军。

（3）"专业指导"的砖木结构

当时，随着西方宗教以及西方文化逐渐得到认可和推崇，由教会组织筹措资金作为施工技术保证，教会建筑开始聘请专业的建筑师指导设计和施工。《盛京时报》曾这样记载1925 年修建的基督教青年会（图3-8）："省城青年会筹备建筑会所为日已久……该会已照预定计划开始建筑，包修之工程师艾君则为丹麦著名建筑家，国内外宏大之楼房经其手造者颇多，将来该会所当不仅壮观已也。"可见，一系列具有西式建筑特点的砖木建筑作为西方宗教事业的推行场所在西方建筑师的支持下而得到修建，如1912 年修建的盛京施医院以及教会学校、孤儿院等。

3.1.2 新政体制下新式建筑"自上而下"地推行

1. "政治力量"的推动

1905 年日俄战争后，清政府决定效仿明治维新改革成功的日本，主张改革旧制，力主新政，开始自上而下地学习西方共和制、议会制。1907 年清政府开始筹建资政院，是年 10 月，清政府正式下令模仿西方立宪制国家组建议会体制，全国掀起学习、效仿西方的热潮。作为西式建筑典型代表的砖木结构建筑也在这个时期沈阳的老城区真正开始"自上而下"地推行。最初采用这种结构形式的是以新型公共建筑为先锋，以新政治体制下的官署建筑、新文化的学校建筑以及随之而出现的新的功能类型建筑为代表，此时期的建筑有 1910 年竣工的奉天省咨议局（图 3-9）、东三省总督府（图 3-10）等，均采用了砖木结构。此时的砖木结构主要应用在新兴的公共建筑类型中。1918 年建成的张氏帅府的小青楼（图 3-11）仍采用中国传统的抬梁式。可见，砖木结构仍是非常新兴的事物。

奉天省咨议局建筑群由三幢西洋风格的建筑呈"品"字形组成，中间围合一座西式风格的圆形花园（图 3-12）。该建筑群是当时奉天省的市政办公核心，其中心建筑为奉天省咨议局议场，属于典型的巴洛克风格建筑，其建筑代表了当时所推崇的建筑风格和较高的技术水平。

位于建筑群中心的建筑为议会大楼，高高隆起的圆形穹顶为建筑中央的议会大堂，两侧高起的三角形山花，8 根爱奥尼柱两两相叠形成的二层柱廊，皆采用连续拱形开洞的门窗，具有巴洛克风格的装饰，南北两座辅楼呈对称式布局，彰显出中心议场不可逾越的政治地位，同时更透射出模仿当时欧洲市政厅建筑样式的印迹。咨议局南辅楼（图 3-13），也是现存的唯一一栋建筑，平面布局为 L 形，采用了西方古典建筑样式，立面构图中可看到非常明确的基座、墙身和屋顶三段式。门窗亦为西洋古典风格的拱券门及连续拱券窗。立面采用略有收分的壁柱，且表面无凹槽，建筑檐部装饰形成连续的水平线脚，最具特点的是其中二层檐部用砖雕做成仿中国传统斗拱形式的装饰线脚。

两侧入口上方有台阶式高大的山花，其上雕有华丽的卷草纹样装饰，具有热闹华丽的巴洛克样式特征。建筑的四角和窗间都有壁柱。壁柱由沈阳传统建筑材料青砖雕刻而成。装饰性的砖雕融入了中式元素：壁柱柱头的大叶两侧配毛茛叶涡卷与中国纹饰相互组合；侧面女儿墙则用青砖砌成透空的花墙，好似本地民居屋面"花脊"的做法。奉天省咨议局将西洋古典建筑样式与中国传统建筑风格相结合，不是单纯的西方建筑的移植，体现了"中西合璧"的建筑特征。

图 3-9　奉天省咨议局主楼与辅楼
图片来源：沈阳建筑大学建筑研究所

图 3-12　奉天省咨议局老照片
图片来源：沈阳建筑大学建筑研究所

图 3-10　东三省总督府
图片来源：沈阳建筑大学建筑研究所

图 3-11　张氏帅府小青楼
图片来源：沈阳建筑大学建筑研究所

图 3-13　奉天省咨议局现存辅楼
图片来源：作者拍摄

（1）基础

沈阳近代早期西式建筑，特别是在老城区由中国工匠施工的建筑，其基础的做法仍沿用了地方传统技术，仅在建筑承重墙下挖沟槽，铺设垫层，继而直接砌筑砖墙。奉天省咨议局建筑基础先刨 4 尺深、3 尺宽的槽，并筑打灰土五步，用 3：7 白灰、素土搅拌均匀下槽，每步下虚土 10 寸，用夯碱打实落成 6 寸，以确保坚硬。现在灰土垫层一般指的是用石灰和黏土拌和均匀，比例常用的仍是 3：7，俗称"三七灰土"。比较适用于地下水位较低，基槽经常处于较为干燥状态的基础。

（2）结构

建筑地上二层，靠砖墙承重，楼面板为 2.5cm×3cm 宽的板条，厚度约为 1cm，搭接成 45cm×60cm 的网格，外面再抹灰一道（图 3-14）。屋顶采用带三角形木屋架的西式两坡顶，又称为人字形屋架（图 3-15）。屋面板为宽 6cm×8cm 的长方木条设檩，檩上斜钉楔形厚板，用来加固，檩上直接加板，外挂新洋铁瓦上刷黑铅油。在凡是承屋架的墙体上，用砖砌筑壁柱。外墙为青红砖混合砌筑砖墙，主要由 260mm×130mm×50mm 的青砖按中国传统的三顺一丁的砌筑方式砌筑而成，两层之间以凸砖砌出腰线。窗柱、墙壁柱和装饰线均采用的是红砖（图 3-16），青红砖交接处采用的青砖隔层搭接的砌筑手法（图 3-17），以保证建筑的坚固性。

图 3-14 咨议局南屋面屋架原样
图片来源：作者拍摄

图 3-15 咨议局楼面板
图片来源：作者拍摄

图 3-16 咨议局附柱头
图片来源：作者拍摄

图 3-17 咨议局青红砖混砌
图片来源：作者拍摄

青砖主要用于承重的外围护墙体，红砖主要用于窗柱、壁柱和柱头的雕饰。外墙由于承重厚约 400mm，并以砖砌壁柱加强其承载力。砌砖时，选择质量上乘的青砖，用水先浸透然后砌筑。做明、暗台共高 2 尺 6 寸，采用马蹄形两层一退的方式，用沙子白灰垒砌灌浆，做墙身檐高 1 丈（1 丈约为 3.33m），每间砖腿一个，宽三进砖，与明、暗台外墙皮对齐。内隔墙为板条抹灰墙，抹沙子一层，抹麻刀白灰一次，纸灰一次，顶棚抹麻刀白灰一次，纸灰一次，以光平洁白为度。各室内外明暗台、旋脸、女儿墙，均抹 1：3 洋灰沙子一层，抹时均先用以板条镶之，待灰晒干后，再将板条撤去，形成大砖缝样式，其余平墙均抹洋灰古缝。

（3）门窗

建筑立面采用三段式，窗洞发券起拱，分为扇面券和圆券两种。二层窗洞口为扇面券，只在二层局部尺度偏大的洞口设有锁石（图 3-18）。一层窗洞口采用圆券，券中有锁石。用砖砌券，是砖木结构中常见的技术手法。门窗口料均上鱼油一次，色铅油两次，凡木质与砖墙楼近之处均涂以臭油一次，防日久糟朽。

（4）砖雕

奉天省咨议局美轮美奂的雕饰采用的是中国传统的平面砖雕和浅浮雕，其材料采用的是当时在东北比较昂贵的红砖，纹样采用的是中国传统花式同罗马风格相结合的形式，呈现出刚柔结合，质朴大气的性格。体量较大的仿爱奥尼的柱头为窑前雕（图 3-19）。山花上的红砖浮雕待局部砖雕完成后，采用传统工艺，连接、拼装和嵌砌，坚固耐腐。

图 3-18　窗的砌券
图片来源：作者拍摄

奉天省咨议局建筑所体现的精彩和特色，可以发现蕴含于其中的内在潜质：

①它代表着西风东渐潮中的主动流。它是当时沈阳由清政府自上而下主动接受与引进西方建筑文化的第一例，给国人一个明确的信号、指南和样板，引发了随之而起的建筑西化风潮。它的影响贯穿沈阳建筑近代化的全过程。

②它是政体改革的物质体现。清末，由

图 3-19　咨议局柱头雕饰
图片来源：作者拍摄

于在与西方列强的博弈中屡遭败辱，导致了对中国政体的自我否定，由此而掀起的西化风潮，首先在效法西方政体形式方面展开。上层建筑改革的先行，以及对西方政治体系模仿性的转变，也必然使得物质与技术的转变具有一定程度上的追随性。奉天省咨议局建筑正是清廷以政体改革为开端，继而触及建筑领域的第一波反响。

③它体现了精湛技艺的延伸与提高。西洋建筑的本土化过程，在近代沈阳这块土地上展示得尤为清晰。其缘由一部分来自设计人与建造者为体现地域环境所做出的主动探索，另一部分来自具体条件的制约。特别表现在用地方传统的材料与技术去建构西洋式建筑的空间和样式上，不仅承续了西洋建筑的精华，又充分展示了本土技艺的优势与精湛。

④它展示着文化与技术引进过程中的创造性。面对成熟而系统化的传统技术，面对先进又耳目一新的西方文明，既不保守，又不屈膝。在引进西方文化与技术的过程中，不拘于习惯与便当，不甘于直接地效法与克隆，充分结合本地条件与特点，经过创造性的改进与提升，实现了新的跨越，登上了新的高度。

2. "功能需求"刺激传播速度

20世纪初，清政府政体改革，在全国掀起一股学习西方的热潮，表现在建筑技术上，沈阳出现通过"自上而下"引入的西方建筑结构体系即新型砖木结构形式，主要应用在通过学习西方而引入的新建筑类型，在沈阳最为突出的是行政建筑、学校建筑和医疗建筑，表现特征为使用梁、柱构件形成带有外廊的砖木结构，通过三角形木屋架和青砖墙承重等技术革新，一改传统的单层建筑开始出现二层建筑，楼板和隔墙为木板造。由于"向西方看"是通过清政府倡导的，所以此时的建筑技术体系的引入也有别于早期西方传教士的"非自主"性的传入，而是近代时期中国人第一次自主完成的一次引入，其表现为由南至北的传播路径，这种带有外廊式的建筑样式作为新式西方建筑的代表，从南部沿海城市登陆，逐渐传入中国核心城市北京、天津，后跟随京派大臣而传入东三省政治中心沈阳。始建于1909年的省立东关模范小学（图3-20）的2号楼、3号楼（图3-21、图3-22）是外廊式青砖承重式建筑的早期代表。2号楼通过楼板的挑出和列柱的支撑形成开敞柱廊（图3-23），借助砖墙承重增加房屋的层数，三角形木屋架扩大房屋的开

图3-20 东关模范小学全景鸟瞰
图片来源：沈阳建筑大学建筑研究所

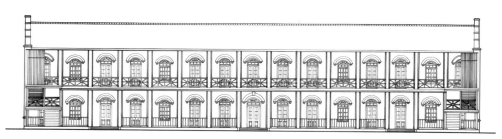

图 3-21　东关模范小学 2 号楼立面图
图片来源：沈阳建筑大学建筑研究所

图 3-22　东关模范小学 3 号楼
图片来源：沈阳建筑大学建筑研究所

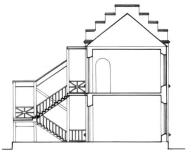

图 3-23　东关模范小学 2 号楼剖面图
图片来源：沈阳建筑大学建筑研究所

间，外廊左右两侧通过木柱支撑室外楼梯。建筑虽然是外廊式建筑，外廊是由木柱搭建而成，建筑的外墙同柱廊一侧的外墙砖墙厚度在建筑的外观和承重体系中有差别，但是确实符合当时地域的气候、材料和工匠的要求。

外廊式建筑作为殖民移植样式的一种，在南方地区主要解决散热通风的问题，但是在北方特别是沈阳寒冷气候的

图 3-24　东北大学法科教学楼
图片来源：民间收藏家詹洪阁提供

情况下，容易遮挡南向的阳光，不利于采光，而省立东关模范小学的外廊是由方木条组合搭建而成，可最大化地引入阳光，建筑墙体的砌筑按外墙厚度统一砌筑，既保证了建筑的保温，又提供了外廊休闲疏散空间，这种设计手法同时还应用到东北大学法学院的外廊设计（图3-24）。由本土工匠模仿修建的外廊式建筑创造出最适合本地域的建筑样式，这说明影响建筑技术引入的因素同当地的气候、材料和工匠都有着密切的关系。

这些建筑大部分都受到清末新政影响，属于在由上至下、由关内向关外的辐射因素影响下形成的。新兴的公共建筑对于中国传统办公、私塾教育来说是一种全新的建筑模式，但

在建筑形式上仍采用了中西合璧的建筑风格，不仅表现出当时政府"师夷长技以制夷"的姿态，又满足了大众心理上更符合百姓的猎奇与传统适应性的矛盾心态。

3.1.3 富贾商号"自下而上"地效仿

1. "紧追时尚"的商业建筑

随着西方文化的进入，特别是商埠地的开设，各国商人开始进入沈阳自由经商，商埠地出现了大量由洋人设计的洋行、别墅、领事馆、西式娱乐建筑等，人们也从最初对西方事物的抵触、好奇逐渐变为欣赏和折服，并开始认真观察和审视西方文化的冲击。那些善于以异取胜、以猎奇招徕顾客的商户们，为了拉拢生意，不失时机地借助洋风来装点自己的门面。"中街兴顺丝房执事姜君禄，因左右邻居高楼百尺，未免相形见绌，步其后尘，大修楼房，用款五万元，定于七月工竣"[①]。可见，商业的竞争，财富的彰显，成为 20 世纪 20 年代，砖木结构开始"由下至上"蜕变的推动力，民间的钱庄、商铺、公馆、住宅等新式建筑中普遍采用砖木结构，特别是在沈阳老城区的中街的商铺，如承业堂、福顺堂、允中堂等。

图 3-25 中街福顺堂立面图
图片来源：沈阳市档案馆藏

中街福顺堂是一座在沈阳近代时期老城区内最为普遍的西式建筑类型（图3-25），二层高，由青砖砌筑而成的砖木结构（图3-26），承重砖墙一层墙厚为四进砖，二层递减为三进砖，沿街立面的女儿墙由三进砖高高砌筑而成。其中沿街的外立面用洋灰水刷石，其他各面只粉刷青灰，并用青灰填缝，室内采用木制楼梯，

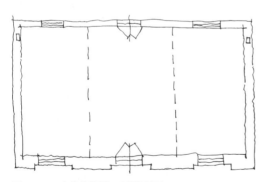

图 3-26 中街福顺堂一层平面图
图片来源：作者临摹于原设计图纸

---

① 据民国十三年六月十八日《盛京时报》记载。

木楼板，屋顶为三角形木屋架，其屋架组合完全符合力学原理的结构类型（图 3-27），该建筑技术是当时砖木结构常用的技术做法。

2."彰显富贵"的宅院府邸

砖木结构在沈阳近代的住宅建筑中得到了较为广泛的应用，特别是在商埠地达官贵人的别墅、官邸中应用得更是普遍。其中沈阳白子敬公馆、吴铁峰公馆、吴长麟公馆等官邸采用的都是砖木结构。

由沈阳近代本土建筑师穆继多设计施工的吴铁锋吴公馆是商埠地内典型的居住建筑（图 3-28），建筑为砖木结构，采用红砖砌筑墙体，外墙厚为三进砖，内墙二进砖或一进砖，龙骨地面。其中建筑的柁杈、龙骨、望板的灰条均采用上等的白松木，门窗口、过脚板及地板采用红松木，屋顶利用三角形木屋架形成的穹顶（图 3-29）。

"大青楼"是张作霖、张学良主政东北时的办公楼，是张氏帅府院内体量最大的一栋建筑，位于帅府东院北部，建成于 1922 年。因其外墙由青砖砌就，并以"清水"形式直接表露于建筑外观，故得名。

据记载，大青楼是张作霖仿北洋军阀政府总代曹锟在天津的公馆建造而成，并在天津聘请工匠修筑。所以，大青楼代表了当时沈阳建筑技术的较高水平。该建筑是沈阳从砖木结构向钢筋混凝土结构转型期的代表性建筑，也是中西建筑艺术相结合的突出范例。建筑造型华丽气派，外观上为西洋风格。一层设宽大的柱廊，柱廊明间及二层通向阳台的出口均设半圆形拱券。三层立面中央为近圆形窗，其上为三角形山花。建筑外观的表达重点在于墙壁的装饰，即青砖砌筑的清水

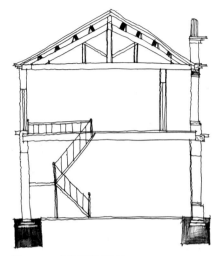

图 3-27　中街福顺堂剖面图
图片来源：作者临摹于原设计图纸

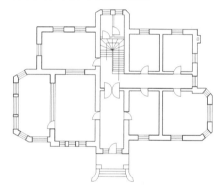

图 3-28　吴铁锋公馆平面图
图片来源：沈阳市档案馆藏

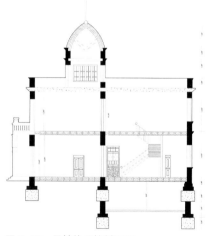

图 3-29　吴铁锋公馆剖面图
图片来源：沈阳市档案馆藏

图 3-30　大青楼外立面
图片来源：作者拍摄

图 3-31　大青楼入口细部
图片来源：作者拍摄

砖墙与分设在每一层的多样壁柱形成丰富而热烈的立面形态，这是沈阳老城区当时非常流行的"洋门脸"式建筑的代表作（图 3-30、图 3-31）。

大青楼是三层楼，坐北向南，多边形，砖木结构，青砖墙体，白色水泥抹边线，黑白相映，显得格外醒目、素雅。楼下台明高约 1m，南面和东侧各有一个"八"字形垂带，九级台阶。一楼正面辟门三处，中为半圆形上亮过道门，两侧为半圆形群体组合门。正面二楼平台与三楼的两个突出半圆体阳台，都是水泥花格，上面装饰三角纹、半圆形、瓶式栏板、廊柱、圆形柱头等。它有着强烈的巴洛克建筑风格，追求繁荣、热烈的气氛；与此同时，在建筑中又加入了中国传统文化情趣，比如，大青楼是精雕细刻的洋风建筑，但是雕刻的很多内容不再是西方的忍冬麦穗等图案，而变成了象征中国福禄寿喜等吉祥寓意的纹饰，如鹿取谐音"禄"、葡萄象征多子、马上封"猴"等。这些反映了社会意识对于建筑文化的影响，沈阳在接受外来文明时并不是一味效仿，而是加入了本土文化的再创造（图 3-32、图 3-33）。

（1）结构形式及楼地面做法

大青楼整座建筑为砖木结构，内外墙既为围护结构又为承重结构，一层墙厚为 0.6m、二至三层为 0.45m；楼、地面均为木架木地板；屋架为木构架；在结构受力关系上只在三层平面局部有屋架落在内墙窗上口，估计是为了以木构架满足造型的特殊要求，除了屋架梁与承重墙体同结构传力系统存在一些不尽合理的现象外，基本上结构受力是合理的（图 3-34）。

（2）壁龛

在大青楼墙体中有很多砖砌拱券，其跨度、矢高及本身发券用砖层数各不相同，但券端距地面高度一致，均为 2400mm。拱券主要承受拱上部砖墙重量，拱券下为一矩形内凹壁

图 3-32　大青楼外立面细部
图片来源：作者拍摄

图 3-33　大青楼外立面柱廊
图片来源：作者拍摄

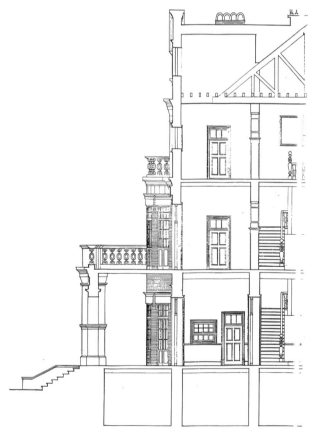

图 3-34　大青楼剖面局部
图片来源：沈阳建筑大学建筑研究所

龛，券弧下砖重由一木过梁承担。过梁单侧墙面显露，突出壁画两侧墙面 0.3m，上对应有一砖砌拱券（券脚同过梁端头在同一垂直线上），拱券同墙厚（两侧墙面均显露），一般为一壁画对应一拱券。一般三皮，局部五皮。壁画两侧墙面砌筑平整，有预埋木砖，底边距地 1.2m，壁画深为 0.2m（图 3-35）。

（3）门窗洞口

大青楼为砖木结构，墙体用青砖砌筑，屋架为木结构，因此门窗洞口上方均为砖砌拱过梁。砖砌过梁分为两种类型：砖砌平拱，用于门洞、窗洞上方；半圆形拱券，主要用于券洞上方（图 3-36）。

室内门窗上口均有青砖侧立

图 3-35　大青楼壁龛拱券
图片来源：沈阳建筑大学建筑研究所

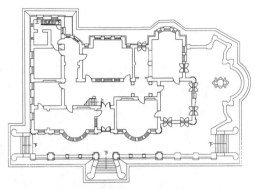

图 3-36　大青楼外平面图
图片来源：沈阳建筑大学建筑研究所

图 3-37　大青楼门上平拱
图片来源：沈阳建筑大学建筑研究所

图 3-38　大青楼木顶棚墙面预埋木条
图片来源：沈阳建筑大学建筑研究所

砌筑的平拱，平拱同墙厚，之间有块数不等的预埋木砖。门窗洞口两侧有预埋木砖。廊洞口门洞上口有砖砌拱券，拱券同墙厚，几近半圆形，有预埋木砖。门洞两侧墙面砌筑不整，有预埋木砖。

室外门窗洞口二、三层除局部重点装饰的椭圆窗外，门窗上口均对应一水平窗楣（兼过梁），下垂一对牛腿，窗楣长度突出门窗洞口两端一牛腿宽度；一层门窗上口均对应一三角形山花，下垂一对牛腿，山花长度突出门窗洞口两端一牛腿宽度。门、窗与窗楣及山花为一一对应关系（图 3-37、图 3-38）。

（4）洋门脸

因当时在国内尤其在沈阳混凝土用量极少，一则本地无生产能力；二则价格昂贵、运输困难，故大青楼只在外立面使用了混凝土，但这种被称为"洋门脸"的技术处理手法却在日后的近代建筑尤其是在重视投资与回报率的商业建筑中广泛应用。

3.1.4　满铁附属地内"移植性"成熟的砖木结构体系

由于沈阳满铁附属地的建设活动主要由满铁建筑课组织的专业建筑师及日本民间建筑师设计建造，当时满铁附属地的建筑风格与同期日本本土的近代建筑具有共时性的同步发展特征；同时，由于日本的经济萧条和对建筑用材的限制，近代东北的建设量远超日本。这些日本建筑师在东北的探索和实践具有广阔的市场，故而在规划理论、建筑技术等方面的发展超越日本本国的近代建筑发展。

（1）与日本同期并轨的奉天日本建筑师设计活动与设计实践

沈阳满铁附属地的建筑活动多为具有建筑知识的专业建筑师进行设计，许多建筑师被派往东北进行规划和建筑设计的工作，因此出现了大量高水平的建筑作品，与日本同时期建筑风格表现出并轨状态。例如 1935 年为了设计满洲电业社宅，山本拙太郎亲自赴东北，他开设的"住宅咨询所"的工作人员也常常奔走于中国东北和台湾地区；赖特在 1919 年设计日本东京帝国饭店时的七名助手之一远藤新，作为赖特思想的传播者，1933 年赴东北进行设计活动。此后往来于中日之间，直至"二战"结束。这些建筑师的设计活动都为中日近代时期建筑发展并轨做出了贡献。

当时在日本出现的被称为"辰野式"的建筑风格，是由日本建筑师辰野金吾创造出的一种折中主义风格，1903 年他设计的东京火车站即是"辰野式"。太田毅和吉田宗太郎于 1909 年设计的奉天驿（今沈阳站），也运用了这种"辰野式"的建筑风格，与东京火车站的风格如出一辙。

（2）沈阳日建规划和建筑对日本近代建筑在规划实践和建筑技术上的超越

为了达到殖民建设的目标，吸引日本人向东北移民以及吸引国际资金和资源的需要，日本对满铁附属地的建设一开始就立足于当时东亚地区城市建设的最高水平和最高标准，从派遣国内高水平的建筑师进行规划和建筑设计，到对城市市政设施的近代化高标准的投入，以及对社宅建筑技术的改良等方面，都有所体现。

日本建筑师在对沈阳满铁附属地的规划和建设实践中，将学习到的西方先进的现代规划理论，包括《雅典宪章》的城市功能分区理论、田园城市理论和"邻里单位"理论进行探索性的应用，使满铁附属地呈现出超越日本本土的规划和建设水平。在道路系统规划上，日本建筑师"比较了当时欧美及日本国内的主要城市，研究了近代产业城市所要求的道路宽度和面积比率，考虑到未来城市交通的频率、交通工具的种类、建筑物的采光、通风、安全、城市景观等方面，决定了各附属地道路宽度、等级与面积"。至 1922 年底，沈阳满铁附属地内的道路率已达到 26.6%（当时巴黎的城市道路率为 25%），居东北其他满铁附属地之首。

20 世纪沈阳满铁社宅的大规模开发，实行了住宅的标准化设计和施工，这种前卫性的设计在当时的日本尚处于积极探索的阶段，并未形成规模。例如 20 世纪 20 年代日本建筑家佐野利器提出的"最小限度居住空间的标准化"提案；以日本中产阶级为销售对象的商品住宅公司"美国屋"的建筑师、住宅建筑家山本拙太郎于 1928 年提出"城市公共住宅的标准化"设计思想。

日本建筑师在进行沈阳满铁附属地的建筑设计过程中，有意识地探索适应地域环境的建筑技术的创新与融合，例如对规划的路宽等级和标准等进行了超前的设计；对瓦斯、水、电等先进公共设施进行了应用；为适应东北的严寒气候，采用俄式壁炉和满洲地炕的采暖建造技术等。使得沈阳满铁附属地的建筑文化、建筑技术和城建水平都体现出了超越于日本近代建筑的特点。

（3）超越与并轨的溯源

随着沈阳满铁附属地的成立，日本建筑师也随之进入沈阳。纵观日本建筑师在近代沈阳的设计行为，可以看出沈阳满铁附属地的建筑发展同日本本国的近代建筑发展的并轨同步甚至超越式发展。分析其原因，首先，在满铁附属地成立之初，无论是官方所属还是私营自主开业的日本建筑师，他们不仅受过专业的建筑教育，同时还能彼此合作，组建专业的团队，将日本本国的建筑思潮及技术水平直接在实践中传入；其二，建筑材料的保证，近代新兴的建筑材料或者由日本进口，或者日本直接在中国东北建厂生产，建筑材料的同步发展，保证了建筑水平的同步；其三，由于沈阳满铁附属地近似全新的城市建设，大量的、短时间内的建筑项目为建筑师提供了非常多的建筑实践机会，同时由于远离日本本国，政治约束力小，建筑设计空间自由度高，建筑师可以发挥更多的创造和新建筑样式的尝试，从而逐渐超越本国建筑发展；其四，沈阳特殊的地域环境为建筑师提供了思考和提升的因素，日本建筑师在结合地域条件的过程中超越了复制与模仿，走向创新。

19 世纪末，日本就已经掌握了红砖生产和砖木结构的特性，在以东京帝国大学的建筑学教程为代表的多所建筑院校中开设有讲授结构体系以及构造强弱学的课程，所以在沈阳的满铁附属地成立之初，其建筑事项均由满铁建筑课承担，由史料中记载的"南满铁道株式会社建筑课计算满洲建筑费如满医大学、满中、奉中及瓦斯作业所等处约计需建筑费一百五十万元"可知，建筑的经费由满铁统一预算，这保证了技术引进与应用的顺畅。同时满铁附属地大量的建设项目吸引了日本本国具有影响力的施工单位积极进入沈阳，从《盛京时报》的一则日商志岐组土木工程处广告即可看出："启者敝工程处，向在日本东京开设有年，并在中国台湾、朝鲜等处专包土木一切大工资本丰厚，遐而驰名，现在大连湾分设总行一所，并在奉天营口安东各埠。添设分行。包造衙署局所，学堂医院，机器厂局，洋楼铺店，官宅民房，并修筑铁道马路，城垣沟梁，营垒炮台，疏通河道，兴筑护岸，一切土木工程，均能包办。延聘有名工程技师，立时绘图呈样，以期迅速，所雇工匠，莫不技精艺熟，并购选上等精良材料，价廉工坚，诚信无欺，以广招徕，凡欲兴造何项土木工程，敝工程处能垫巨款，承揽包办，按期竣事，绝无延误。"管理的正规、建筑师的专业、施工单位的经验丰富又有政府财力的支持，保证了舶来品的正统。满铁附属地内以 1910 年修建的"奉天驿"（图 3-39）为典型代表的一系列满足日本建立满铁附属地初期交通、办公、教育、医疗等公共需求的建筑大多采用了成熟的砖木结构体系。

1911 年建成的满铁旅社（图 3-40）、1914 年建成的满洲医科大学（图 3-41）、1921年建成的满洲铁道株式会社奉天图书馆（图 3-42）等的建筑技术体系均体现了日本本国的砖木建筑的同步发展的特点。

奉天图书馆的设计者为满铁奉天公务事务所的笼田定宪和小林广治。笼田定宪，1911年毕业于东京高等工业学校，毕业后至 1917 年在满铁任职，至 1920 年加入铁路总局工务科，1922 年再次回到满铁。小林广治，1913 年毕业于东京高等工业学校，1922—1926 年，在满铁任职。两位受过专业教育的建筑师将他们在日本所学应用到奉天图书馆的建筑中。该建筑

图 3-39　奉天驿
图片来源：沈阳建筑大学建筑研究所

图 3-40　满铁旅社
图片来源：民间收藏家詹洪阁提供

图 3-41　满洲医科大学
图片来源：沈阳建筑大学建筑研究所

图 3-42　奉天图书馆
图片来源：沈阳建筑大学建筑研究所

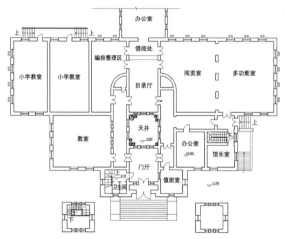

图 3-43 奉天图书馆平面图
图片来源：沈阳建筑大学建筑研究所

图 3-44 奉天图书馆立面图
图片来源：沈阳建筑大学建筑研究所

图 3-45 奉天图书馆书库楼梯
图片来源：沈阳建筑大学建筑研究所

图 3-46 奉天图书馆内部走廊
图片来源：沈阳建筑大学建筑研究所

以 1 层为主，局部 2 层，砖木结构，灰瓦坡屋顶，以主入口为中心呈对称布局（图 3-43）。建筑通过不同的层高解决了图书馆藏书、阅览等不同功能的需求（图 3-44）。该建筑由日本专业建筑师设计，日本施工单位承建，建筑材料也是在日本厂家购买，该建筑技术是由国外引入的典型代表（图 3-45、图 3-46）。

在 20 世纪 20 年代，随着满铁附属地的建设与发展，大型公共建筑开始使用与日本本国同步发展的钢筋混凝土结构，特别是在 1931 年"九一八"事变后，随着沈阳沦陷，日本完全掌管沈阳的建设，在大力发展沈阳工业的政策指引下，新厂房开始广泛采用钢筋混凝土结构和钢结构的桁架体系，砖木结构主要应用于满铁为社员修建的住宅、中小学等小型的民用建筑中。

3.1.5 砖木建筑的技术传播特点

沈阳近代的砖木建筑结构贯穿沈阳近代整个时期，虽然引进的方式与技术的成熟程度均不同，但砖木建筑结构体系是沈阳近代时期被应用最为广泛的建筑结构形式。

1. 近代社会特有的结构体系

砖木结构是近代社会特有的结构体系，在现代建筑中应用很少，是一种由传统向现代转型过渡的体系类型。砖木结构体系的最大特点是：①水平承重构件传来的荷载全部由砖墙或柱等砌块承担，结构中各种形式的砖砌的承重墙、砖柱以及拱结构承担荷载；②几何不变形木屋架的应用。几何不变形木屋架又称为三角形木屋架，是建筑结构走向科学化的主要标志。

2. 砖木结构建筑在民间迅速传播并被广泛应用

沈阳近代砖木结构形式在沈阳老城区贯穿近代始终，且涉及建筑各种类型；在满铁附属地砖木结构形式主要集中在近代的早、中期，而且建筑类型由开始的公共建筑逐渐过渡到住宅建筑；在商埠地的推行主要是小型办公和别墅住宅，可见，砖木结构由最初的西方和日本传入后，在沈阳民间迅速传播并广泛使用。此时期的砖木结构的建筑的显著特点是：样式混杂，虽同为砖木建筑，但是无论是砖墙的砌筑还是三角形屋架的构成都样式多样；混凝土罩面、洋门脸建筑，以张氏帅府大青楼为代表的砖木建筑，虽然仍采用砖墙承重，木楼板、木屋架横向结构，但是在沿街立面中应用混凝土罩面。

西式砖木结构技术体系进入沈阳后主要表现以下三种形式。

第一种形式的技术特征是：墙体采用传统砖墙砌筑方式砌筑，普遍使用青砖，建筑层数不高，一般不超过两层，楼板采用木梁、木楼板，西式三角形木屋架，上铺木椽、小青瓦。主要分布在沈阳的老城区，建筑类型涉及住宅、商业、学校、办公等多个建筑类型，推广使用人群主要为本土的商贾、官员。

第二种形式的技术特征是：墙体采用西式砖墙砌筑方式砌筑，但采用中国传统的青砖，木屋架。主要分布在沈阳的商埠地和老城区的外围，建筑类型涉及教堂、洋房、俱乐部等建筑类型，推广使用人群主要为西方的传教士、商人以及本土实力雄厚的官员。

第三种形式的技术特征是：墙体按西式砌筑方法砌筑，普遍采用西式的红砖、现代瓦材等材料，建筑层数逐渐增高，屋顶仍是三角形木屋架。主要分布在满铁附属地以及奉系军阀开发的北陵区、西北工业区等新市街开发区。推广使用人群为日本殖民建设者、中国的新文化倡导者以及承受过西方文化熏陶的投资者。

这三种形式在沈阳几乎是在同时期共存于城市的不同的板块，而且这种存在持续贯穿于沈阳整个近代时期，无论是材料的选用、构件受力状态及技术均相应有所不同。这三种形式的共同特征是用墙体承受屋顶荷载，楼板和屋顶结构均为木材。

3.2 "承前启后"的沈阳近代砖混结构

3.2.1 沈阳近代砖混结构的发展

砖混结构中不可缺少的建筑材料为混凝土、钢筋，而形成混凝土的建筑材料包括水泥（洋灰）、沙子、石子。沈阳近代水泥最早是于 1908 年由日本小野田在大连成立的小野田洋灰厂生产的龙牌洋灰，而中国本土水泥在沈阳主要产自位于京奉铁路线上的唐山启新洋灰公司。在沈阳近代时期，水泥的生产一直由日本人垄断，本土没有自产水泥，这就决定了水泥的成本较高，但近代沈阳却是水泥需求量较大的城市，唐山启新洋灰公司在 1919 年的水泥销售量占全国水泥销售总量的 92.02%，而唐山启新洋灰公司在全国仅有天津、上海、沈阳、汉口成立的四个总批发所，可见近代时期沈阳的建筑市场的繁盛和对水泥的需求量之大。对于建筑材料钢筋更是主要依赖洋行采购，1924 年修建的东三省兵工厂有材料记载，"东三省兵工厂修盖房屋制造军械需用各种材料甚火，故材料处长前曾订购木料二十万方尺，钢铁百万吨，现闻已由哈埠运到木料四列车，由上海到钢铁两列车云"[①]。直到 1929 年修建同泽女子中学校时"洋灰需从兴和公司、同发永、启新公司、义兴公司购买 8000 包，仁记洋行、德顺泰、华启公司、丙寅公司购买铁筋 75 吨，向政府申请教育建筑转运建筑品免税政策"[②]，建筑材料仍是需要异地采购。建筑材料的高成本决定了砖混结构建筑无法像砖木结构迅速地在全范围内普及推广应用，所以砖混结构在沈阳的发展从时间上亦是从新城市建设和新建筑类型对空间的需求而开始的；从地域分布上来看，主要是位于满铁附属地和沈阳的新市区以及新工业区；从设计人员和施工单位上来看，均是国内外在沈阳最有影响力的建筑师和建筑机构。

满铁附属地内的砖混结构主要有以下特点：①拿来主义的移入式。无论是 1914 年 6 月竣工的满洲医科大学礼堂，还是 1920 年修建朝鲜银行奉天支店和 1925 年横滨正金银行奉天分店，均是由日本建筑设计师设计，日本专业施工团队施工，所以在满铁附属地的砖混结构是有技术保障的，结构技术较为合理。②主要用于大空间结构部分。随着公共建筑类型的发展，建筑的功能按照空间的需求可分为两大部分：对外的公共开放性和对内办公的私密性，因此建筑中钢筋混凝土主要用于局部的大空间和公共开放空间，如满洲医科大学礼堂的礼堂大厅，朝鲜银行奉天支店、横滨正金银行奉天分店对外服务的营业大厅和中厅空间采用钢筋混凝土，其他仍采用的砖木结构。

---

① 据民国十三年六月《盛京时报》记载。
② 辽宁省档案馆，民国档案 L64-9477。

满洲医科大学礼堂坐东面西，入口的门位于距室外地面半层高的位置。礼堂由入口门厅、礼堂大厅（观众席、舞台、侧台等）以及其他附属用房组成。门厅顶棚是由外高内低间距相等的斜向肋架梁与楼板组合而成，大厅地面铺有彩色马赛克。门厅的顶棚即是二层的楼座。舞台设在建筑的最东端，舞台两侧为侧台，侧台内楼梯直上耳光室。立面构图有体现体量、强调立面竖向线条，开窗形式灵活等向现代建筑过渡的倾向。主入口立面由基座、墙身、山花组成了三段式。基座占据半层高度，为灰色花岗石砌就，墙身是由素混凝土饰面的三个连续券组成的门廊。由于礼堂采用三角形木屋架，在其山墙面自然形成了三角形山花，但其形式十分简洁，无任何装饰。整幢建筑外墙均以赭石色拉毛面砖贴面，基座处则为灰色花岗岩，屋顶为铁皮屋面（图 3-47、图3-48）。

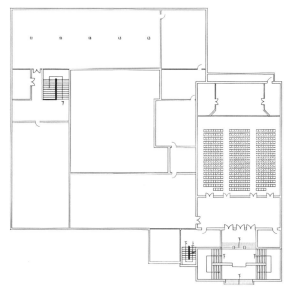

图 3-47　满洲医科大学礼堂平面图
图片来源：沈阳建筑大学建筑研究所

图 3-48　满洲医科大学礼堂
图片来源：沈阳建筑大学建筑研究所

除满铁附属地由日本满铁统一宏观控制建筑外，在近代沈阳其他板块，如商埠地、老城区以及新市区的砖混结构也有着自己的发展模式。

①在商埠地主要应用于达官贵人的公馆别墅以及较中小型公共办公建筑，在老城区主要应用于功能简单的商业建筑，在新市区主要应用于新式工厂等，建筑的特点主要是建筑体量不大，多为三层，有地下室空间，并且屋顶形式多为坡屋顶与平屋顶的混合式。

②砖混结构主要应用于建筑的特殊节点构造。这类建筑的技术特点是钢筋混凝土主要应用于檐口的山花、门窗洞口以及地面、地下室、平屋顶等部位。对于别墅建筑，1930 年

修建的商埠地白子敬白公馆、吴长麟吴公馆[①]应用钢筋混凝土筑造的位置有：超过1200mm的门窗口的过梁；走廊、柱子等部位上面的梁；地窖上面的顶棚；楼梯及楼梯的梯顶；浴室及看台的地板；正楼的平房顶花园等。对于中小型的商业建筑，同时期修建的允中堂主要应用沿街楼立面的檐口、楼的基础以及楼的地面板。

东记印刷所是东北官银号的下属机构，为前后两座楼房，建筑均为三层洋式建筑，并通过中间的通道连接；设有地下室，其中安置锅炉房；砖混结构；侧立面较简单，烟囱高高突出屋面，配有简单的线脚。背立面通过地下室和每层的开窗形成韵律之美。正立面热烈丰富，女儿墙平券中有圆券突起，券旁做柱墩，墩上有几排横线脚，顶上有花饰，是文艺复兴壁柱处理的变体形式。立面整体对称，中轴线上通过二层、三层的阳台栏杆、二层窗的山花处理和华丽的主入口形成视觉的中心，更显建筑的豪华与壮观。

建筑师将国外学习的建筑技术引入沈阳，在东记印刷所建筑中体现了与欧美接轨的现代建筑技术（图3-49～图3-52）。

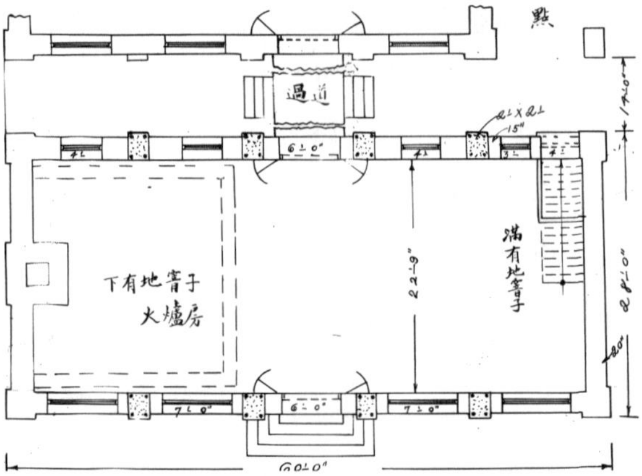

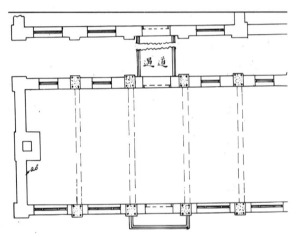

图3-49 东记印刷所一层平面图
图片来源：沈阳市档案馆藏市政公所档案

图3-50 东记印刷所二层平面图
图片来源：沈阳市档案馆藏市政公所档案

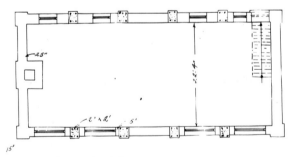

图3-51 东记印刷所地窖平面图
图片来源：沈阳市档案馆藏市政公所档案

---

① 沈阳市档案馆，民国档案L65-245。

①建筑结构为钢筋混凝土结构。建筑无论是墙脚的基础、还是建筑的楼板和屋顶均采用了钢筋混凝土结构，特别是该建筑采用了平屋顶的建筑形式，更是具有现代建筑技术特点。

②重视材料的性能。该建筑使用的建筑材料，不仅承担引入媒介作用，同时承担将材料推广指导应用的作用。穆继多对应用的材料性能以及施工人员有明确的交代，如灰浆采用的是一成白灰，三成砂子的混合灰料，规定若搁置一小时后仍未用完，须当作废物抛弃不用，因为该灰浆的黏力、拉力已失效力。再如，该建筑仍采用传统的青砖砌筑，砖的砌筑方法采用的是湿砖铺泥卧浆的方式，建筑师在施工中规定每天晚上收工后或第二天砌墙时由于砖灰已干透，须用水湿过

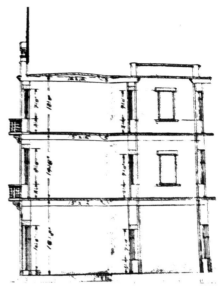

图 3-52　东记印刷所剖面图
图片来源：沈阳市档案馆市政公所档案

后再续上房，保证其不失效力。对于新材料如混凝土模盒、铁筋用法更是步骤清晰与明确。

③新设备的引入。建筑的卫生、电灯、散热器虽然承包人不负责，但在施工中均预留出管线，这说明主要的设备方式还是由建筑师确定的。东记印刷所采用的供暖设备为地下的锅炉集中供暖，并且后期随着供暖面积的增多（东记印刷所前后楼连接），锅炉也随之更新。

3.2.2　砖混结构对材料的选择和限制

砖混结构中对钢筋和混凝土的选择与配比需要有工学计算和材料选择的规定，从中可以看出技术的进步与发展。

3.2.2.1　材料的选择

在建筑施工过程中，所用的建筑材料须送呈建筑师许可后才可以使用，工程结束后需要建筑师进行最后的验收和审核，可见在近代时期，建筑师相当于建筑师和工程师的综合。所以在建筑师最初建筑设计以及制定建筑工程做法时会明确规定材料的选择要求，特别是对工匠们不十分熟悉的建筑材料更会有明确的要求。

（1）水泥

由于近代水泥在沈阳主要由日本垄断，所以在沈阳的近代建筑中除日本产权的建筑外，一般采用唐山启新的"马牌"水泥，白子敬白公馆、吴长麟堂、辽宁公济平市钱号、辽宁省立第一初中学校等建筑都是明确规定使用"马牌"水泥，并且明确规定要求洋灰"未用以前

不许沾染混气以防失其凝固之效力"。在辽宁省立第一初中学校的工程说明书中甚至规定工程中使用的洋灰以"启新洋灰公司出品之马牌洋灰为标准或桶或袋均须印有该公司之牌号足以证明真货者为合格",可见,在工程中建筑师对洋灰选择的慎重和重视。

（2）石子

沈阳近代建筑中对混凝土的材料选择比较严格,其中对石子的大小、形状、出处以及使用都有明确的规定。白子敬白公馆将圆石分为两种,一种为用于钢筋混凝土的圆石,要求石子半寸到 1 寸大;另一种是单纯用于混凝土的圆石,尺寸为半寸至 2 寸大,要求圆石必须洁净并且没有被风雨剥蚀。在吴长麟公馆建筑中对石子的选择的要求是必须是河光圆石尺寸最大不得超过 1 寸 2,最小不得小于 4 分[①];辽宁省立第一初中学校中的石子选择是"本城所产质地坚硬、不带泥土、不含松软矿物、不杂有机物质之圆石子,但用时仍须用清水洗涤洁净"[②]。

（3）沙子

为了保证混凝土的性能和质量,沙子的选择也是有要求的。不仅要求粒大、洁净无杂质,而且要求不得带有鱼骨壳以及一切有机物质等杂质,在空气中暴露许久的沙子不得使用。

（4）钢筋

钢筋在近代时期被称为"铁筋",对于使用铁筋的近代建筑,建筑师在施工图中会分别配置洋灰铁筋的构造图,工人按照图纸和工程做法说明书施工,但当钢筋扎好后须请工程师查验,保证与图样相符后才能开始下混凝土的工作。虽然对铁筋的选择有方有圆,铁筋的大小长短不一,但都要求使用的是软硬适中、富有拉力和弹力,并且不易脆裂的进口钢条,在沈阳的近代建筑中,但凡两铁筋横直交会处从可调研到的数据来看均采用的是 21 号铁丝来绑紧。对于铁筋之两端或中间须弯曲者均用冷弯,不准用火烘热致失效力。

从沈阳近代建筑师对钢筋、混凝土选择材料的原则中可以看出,当时已经认识到钢筋、混凝土这类新兴材料的使用特性和原理,并且掌握不同比例关系,得到的强度不同,适用的建筑部位不同,反映出沈阳近代建筑技术的发展水平。

3.2.2.2　模盒的使用及施工工艺

模盒是将钢筋、混凝土融合成坚固整体的临时性容器,其合格与否直接决定了钢筋、混凝土的坚固程度,而又因其为临时性的构件的特性而不能做太大的经济投入,所以近代沈阳砖混建筑的模盒材料选用木材,普遍使用强度较高、胀缩变形较小的白松板。至于模盒容

---

① 1 分约为 0.333cm。
② 辽宁省档案馆,民国档案 L65-231。

积的大小宽深一般根据洋灰铁筋的要求而制成，用铁钉钉牢，木柱撑实以保证受湿混凝土的压力后，在打完混凝土后不致走动变样。

临下混凝土时木板模盒须用清水淋湿，木屑杂物都需要取出，保证模盒的干净整洁；如果模盒还有隙罅，须用麻刀白灰墁补，避免漏灰浆。根据配比以木斗为标准拌匀，拌和混凝土用的水应该是极清洁不得含有泥土、油质、酸质、碱质以及有机物或其他物杂质，当混凝土拌好立即用洋铁桶挑入模盒之内，下混凝土时，洋铁桶不宜过模盒太远，应随时调整模盒中混凝土，以保证均匀，但过程越短越好，如果拌匀的混凝土静置超过半小时，还没有倒入模盒中，它的凝结能力就会减少，只能当作废物抛弃不得再用。一边将混凝土填入木板模盒，一边需要用铁杵子将铁筋四周及木盒的边角，还有未满的混凝土的地方用铁杵子杵到，以满为标准，外面再用木杵子轻轻敲击，使混凝土渐渐移入填满，然后混凝土上面再用木拍子拍实，木拍子选木性最坚硬者的材料匀。

凡填打混凝土时需持续不间断，最好不留接口，如果混凝土不能一次打完，不得已须留接口时也必须经工师验过接口之后再施工，填打混凝土时应注意天气寒暖，其温度最高不得在49℃以上，最低不得在5℃以下。倘因打完混凝土后，天气骤寒或天气已在5℃以下不得已而须继续填打混凝土时，须设法在填打混凝土之处增高其温度在10℃以上，保持72小时到一星期。对于保固温度的方法由工程师根据具体的情况而制定，主要使用合盐与化学药料或其他物质，但不能因为防冻而加入有损混凝土性能的材料。混凝土填打完毕后一星期内绝对禁止震动与压置重物，非不得已时不准在上面走人；混凝土打好后，其上面显露部分当即用麻布袋遮盖，不能让太阳暴晒，每日早、午、晚共淋水三次，若在烈日之下，天气炎热则每隔两小时淋水一次，保持湿度，持续至7日为止，主要是为了避免模盒上面的混凝土先干，到可拆卸模盒所得时候，也要保证在10℃适宜的温度，较好的天气下施工，但也仅是侧面不受重力的木板在七日后可以拆卸，如果是在混凝土下面承受重力的木板须过两星期后方可拆卸。

从混凝土的施工工艺中，可见其在沈阳的应用不仅在材料购买上受限，更是受到了地域气候的影响，这样对建筑技术人的施工工艺、技术水平就会有较高的要求和限制。砖混结构的传播，无论是材料的选择、配比和施工，都不是仅靠简单的模仿和学习就可以嫁接而来，而是需要掌握材料性能和技术的专业建筑师指导和传授，他们是这一结构技术的主要的传播者。

3.2.3　砖混结构的技术处理和应用

沈阳近代砖混结构主要用于小型商业建筑和新式别墅建筑的门窗洞口、地下室以及楼板与屋顶等结构构件中。

（1）门窗洞口

钢筋混凝土用于门窗洞口的过梁是砖混结构中比较常见的技术构造做法，但在沈阳近代的砖混结构中，并不是盲目地使用这种技术，而是当砖砌拱券无法满足技术要求的时候使用钢筋混凝土。在白子敬公馆建筑中，当门窗洞口的尺寸不足 1200mm 时，用水泥砂浆砌砖券；超过 1200mm 的门窗洞口才需要做铁筋混凝土的过梁。在多小公司楼房建筑中 1280mm 以内，用砖砌叠；超过 1280mm 以外，至 1800mm 的门窗洞口，用铁筋混凝土做过梁。用铁筋混凝土门窗洞口的过梁一般要求长度两端要长过口洞 1 尺，宽度随墙厚，高度不超过 10 寸，根据不同建筑的实际情况而采取不同的配筋方式。在吴长麟门窗过梁中，使用的是 5 分方铁筋 6 根，其中 4 根直 2 根弯；在多小公司楼房采用的是 4 分方铁 3 根；东记印刷所的铁筋为方铁 5 根，而混凝土采用的都是 1 ：2 ：4 即洋灰一成，沙子二成，石子四成的配比关系。

（2）地下室

地下室的修建主要是解决两大技术问题：防潮和坚固，而由于混凝土的耐水性能好，自身强度高，抗压能力强，所以混凝土在沈阳近代时期被广泛地应用于地下室的修建中。沈阳近代地下室主要有两种砌筑方式：其一，混凝土砌筑。未铺隔离之前，各墙及洋灰地须先找平，铺 1 ：3 洋灰沙子浆，厚度达到 1 公分[①]为佳，然后再铺设隔离层，隔离物计有沥青一层，涂于洋灰浆之上，又 2 号油毡一层，铺时约有 1 公寸[②]2 公分之压口，其上再擦沥青一层，地窖墙背面有填土的地方，须再抹 1 ：3 洋灰并擦防潮混合物。地窖及第一层的固体地板用混凝土筑造其成分为 1 ：1 ：5 ：8 的洋灰：石灰：沙子：碎砖或圆石子，混凝土板厚 1 公寸，其下打设三七灰土一层，厚 1 公寸半（图 3-53）。其二，钢筋混凝土砌筑。地平先打素土一步，灰土一步，上做 4 寸厚的铁筋洋灰，上面铺 2 号油毡一道，上做洋灰，厚 3 寸，中带铁丝网，油毡由地平向上包砖砌，于砖墙内夹 2 号油毡一层，须过地平准线上二层砖皮压于砖缝内，油毡内外两面均须各刷油膏一层，照图样墙内做 5 寸厚的铁筋洋灰立墙，墙内外皮均抹洋灰胶泥厚 1 寸[③]（图 3-54）。

（3）楼板与屋顶

砖混结构中钢筋混凝土的使用不仅可以增加建筑的横向承载力，同时创造出丰富的建筑屋顶的形式，比如平屋顶以及屋顶花园。东记印刷所混凝土地板，第一层洋灰地无铁筋，第二、三层以及屋顶即是铁筋混凝土做成，使用 3 分方铁，屋顶每隔 6 寸，排列一根，横竖

---

① 1 公分为 1cm。
② 1 公寸为 10cm。
③ 1 寸约为 3.33cm。

是两层布置成网形。一层不用铁筋混凝土，先打三七灰土，厚 1 尺，上面再铺设 1 : 3 : 6 的洋灰、沙子、石子的混凝土。第二、三层以及屋顶使用的是 1 : 2 : 4 的洋灰、沙子、石子的混凝土。辽宁省立第一初中学校的一层走廊及门道、楼梯间等处先打素土一步，上面再打 1 : 3 : 6 的洋灰、沙子、石子的混凝土地板，厚 5 寸，再抹 1 : 3 洋灰沙子灰一层，厚 1 寸，并划成斜方格或直方格形（图 3-55）。

名称	简图	构造做法
地下室顶板	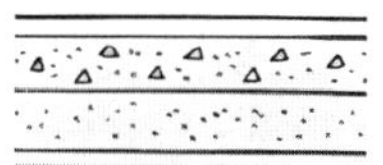	1. 面层 2. 10 公分 1 : 1 : 5 : 8 洋灰：石灰：沙子：碎圆石混凝土 3. 15 公分 3 : 7 灰土一层
地下室墙身	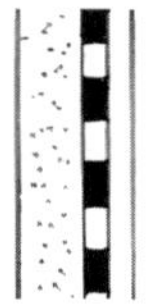	1. 3 : 7 灰土分层夯实或素土分层夯实 2. 1 : 3 洋灰
地下室底板防水	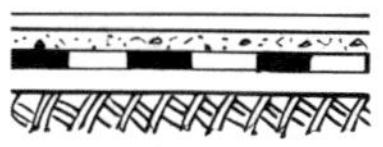	1. 面层 2. 10 公分 1 : 1 : 5 : 8 洋灰：石灰：沙子：碎圆石混凝土 3. 卷材防水层 4. 10 公分 1 : 3 水泥砂浆找平层 5. 地基持力层

图 3-53　沈阳近代建筑地下室做法
图片来源：作者根据调研内容整理

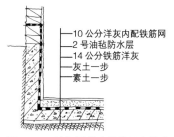

图 3-54　沈阳近代建筑地下室做法
图片来源：作者自绘

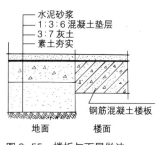

图 3-55　楼板与面层做法
图片来源：作者自绘

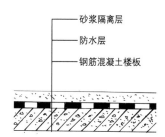

图 3-56　上人面层做法
图片来源：作者自绘

公济平市钱号的屋顶花园的屋顶洋灰混凝土楼板，每丈须留 2 寸以上的返水铺贴法，先将混凝土楼板面洒扫洁净，涂油膏一层，厚 2 分，上铺 1 号油毡一层，再涂热油膏一层，厚约 3 分，上铺 1 分径至 1 分半径的小石子扫平成返水（图 3-56）。

3.2.4 "中体西用"的辽宁公济平市钱号

公济平市钱号前身是公义商局。1901 年为奉天公济会，1902 年改奉天商务总会，出资 10 万两，开设公议商局，经营一般钱庄业务。开业不久，日俄战争爆发，受战乱影响，奉天市场萧条，公议商局营业不振，行将停业。后经商务总会与奉天官银号协商，达成合营协议，商务总会出资 2 万两，官银号出资 4 万两，于 1906 年 6 月，改名公济钱号继续营业（地址在省城军署街）。1908 年商务总会将股本抽出，交由奉天官银号独资经营，成为官银号

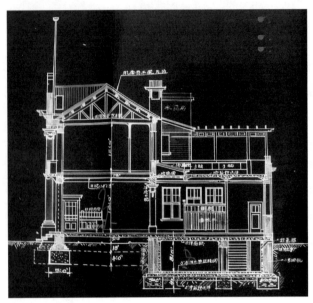

图 3-57 辽宁公济平市钱号剖面图
图片来源：沈阳市档案馆藏民国档案

的附属企业。官银号独资经营后，专门办理汇兑和钱币兑换，并附属 4 家当铺。1914 年，因买卖羌帖遭受重大损失，濒临停业。在这种情况下，官银号又出资 50 万元，使公济平市钱号继续保持营业。所以，公济平市钱号不像其他银行气势恢宏，但在它的修建过程中，更多则是体现了传统与现代技术的融合以及"中体西用"的哲学。

辽宁公济平市钱号设计绘图者为崇德公司张逸民。辽宁公济平市钱号为二层楼房，下带地银库，屋顶带屋顶花园，是沈阳近代砖混建筑的典型代表（图 3-57）。

3.2.4.1 施工流程及工艺

（1）基础

基础的施工流程首先是划线、下灰土，即由监工人按照图样划出白灰线，并且业主与工程师共同查验后下灰土。灰土配比为 3：7 的白灰：净土，和匀后按步泼水，筑打坚实，每步下灰土料 10 寸，然后筑打成 6 寸，每步用五夯头木夯打三遍，再用铁锄锹打三遍。

在基础的施工过程中重点为地下室的施工。地下室作为新银库，所以施工更加精细。首先，地平先打素土一步，灰土一步，上做 4 寸厚的铁筋洋灰，上面再铺 2 号油毡一道，上做洋灰，厚 3 寸，中带铁丝网，油毡由地平向上包砖砌，于砖墙内夹 2 号油毡一层，过地平准线上二层砖皮压于砖缝内，油毡内外两面均须各刷油膏一层，墙内做 5 寸厚的铁筋洋灰，墙内外皮均抹洋灰胶泥厚 1 寸。

（2）墙体的砌筑

辽宁公济平市钱号采用的是中国传统的上等青砖，用传统的黏合剂砂子、白灰砌造，漫灌白灰浆实砌到顶，白灰浆的配比为 1：4 的白灰和半细沙和匀，发券的青砖用洋灰一成、细沙三层叠砌而成，青砖砌筑之前需要用水湿透。所有门窗超过 4 尺宽的用洋灰做过梁。

外墙面做法。建筑前脸以及外立面的柱子均采用抹水刷假石做法，先将各砖面用水洗净，用洋灰沙子打底，不过 1 小时即须抹水刷石以求连接得坚固，水刷石做完之后，须与真豆渣石相似。水刷石成分用洋灰一成，小黑白渣一成。除前脸一面，凡外墙面除去砖缝处均抹洋灰和法，用洋灰一成沙子三成。本工程除水刷假石及抹洋灰外均做洋灰平缝。

（3）建筑结构

辽宁公济平市钱号的新银库的楼板及洋灰大柁、过木屋顶花园的楼板、上屋顶花园之楼梯用混凝土铁筋建筑。混凝土混合法用洋灰一成，粗沙子二成，石子四成，加水搅匀，沙子、石子须用水浇净，其铁筋的布置及大小、厚薄尺寸临时由工程师发给铁筋洋灰详图做法，铁筋用铅丝捆紧，下用石子垫起，距木模板约 1 寸，筑完之后以稻草遮盖时常泼水，并注意不使其干燥而带干白色，混凝土筑时搅好后即须立即铺填，如搁置超过 1 小时的混凝土当即抛弃不用，铺砌时攒坚实，内中不要有空隙，此项工作一定要一气呵成，不得中途隔断，过两星期才能拆卸各木模。

（4）屋顶做法

前部房之屋顶用木架，望板上添加油纸一层，于望板上先刷臭油一道，方能铺油纸一层，上铺油膏一道，上再抹草泥一层，盖中国瓦。屋顶花园的屋顶，为洋灰混凝土楼板，每丈留 2 寸以上的返水铺贴法，先将混凝土楼板面洒扫洁净，涂油膏一层、厚 2 分，上铺 1 号油毡一层，再涂热油膏一层，厚约 3 分，上铺 1 分径至 1 分半径的小石子扫平成返水。屋顶花园混凝土花池槽 8 个，长 3 尺、宽 1 尺、深 1 尺、厚 2 寸，混凝土混合法为洋灰一成，沙子二成，小石子四成，内带铁丝网。玻璃房顶与股长办公室上做玻璃顶一部，上层做铁丝玻璃，下层做花玻璃顶，以增室内之光线。

（5）室内装修做法

东部营业室内用石膏做花顶篷牛腿花边，一层其他部分全部于龙骨下钉板条抹麻刀白灰做大灰线，灯光俱全。新银库顶棚抹麻刀白灰做小灰线，二层各室的顶棚于柁上钉 3 寸、4 寸之白松楞木，每 16 寸中到中下钉大板条，抹麻刀白灰胶泥，灯光花纹俱全，所用的白灰须淋过 40 天。各室内的墙面均以草泥一层找平，再抹麻刀白灰一层，轧光抹平，墙身、顶棚均刷大白粉三遍，以保证白透。

3.2.4.2　技术特点

将沈阳近代建筑的砖混结构技术做法同现代建筑技术比较，会发现近百年前处于转型阶段的砖混结构技术做法对现代建筑技术做法的影响。辽宁公济平市钱号是集地下室、屋顶花园于一体的典型砖混结构形式，同时也是中国传统建筑技术与西式现代建筑技术完美结合的典型建筑。

①传统砖墙 + 西式过梁。建筑采用了中国传统的青砖砌筑方式和黏合剂配比以及灌浆方式，但在尺度较大的门窗洞口处采用了洋灰过梁。

②防水层的技术做法。近代沈阳防水层的技术做法为铺设沥青一层，2号油毡一层，其上再擦沥青一层，现代的防水材料普遍采用的SBS防水卷材，后者是前者的材料升级与技术继承和延续。

③混凝土的配比。沈阳近代建筑的混凝土配比会根据其所处的建筑位置的不同采用不同的配比比例，这同现代多个混凝土标号的适应性有异曲同工之效。

④掌握结构的特性。虽然混凝土技术传入沈阳，但在建筑设计过程中，建筑师并不是随心所欲地采用此种新的结构类型，而是了解结构的特性，在砖木结构技术解决不了的构造位置采用混凝土结构。

3.3　与现代建筑同步发展的钢筋混凝土结构

3.3.1　钢筋混凝土结构的发展与性能

钢筋混凝土的主要构成材料就是硝酸盐水泥和钢棒，即钢筋。水泥是从古代就开始使用的材料，古罗马帝国的建筑向来盛行使用水泥，但那时的水泥是以火山灰、黏土、石灰、贝壳灰等为主体的所谓的天然水泥，强度较差。我国古代的砂浆也是一种这样的水泥。

被调剂好的原料一旦用窑烧制就会发生化学变化，进而粉碎成为人工水泥，开创了水泥的新历史。在产业革命时期的英国，大多数人都致力于人工水泥的设计。1824年约瑟夫·阿斯普丁（Joseph Aspdin，1779—1855）调剂的水泥获得专利，其颜色酷似当时伦敦等地盛行使用的波特兰石（从多佛尔海峡对面的英格兰的波特兰半岛运出的石头），因此起名为波特兰水泥。能够看出，像其名字本身一样，这在初期生产的水泥是石头的代替品。因产业革命暴富的资本家们的庭院里摆放着许多石头雕像，这些雕像大多是被铸造的水泥制造的，看起来却像合成树脂，历史性新型材料出现的时候往往会出现这样的错误。总之这种水泥经进一步改良，在1851年伦敦万国博览会上压倒群芳，声名鹊起。1872年烧砖用的山洞窑于1877年获得回转窑（旋转密封窑）的英国专利，确定水泥工业成为近代产业。可是如果水泥作为钢筋混凝土使用而被发现的话，也不会造就今天的业绩。与天然水泥不同，大工厂生产的水泥作为近代化工业生产物的特征就是品质的一体化，并将这一特征充分地发挥。

19世纪中叶左右，许多人都在尝试钢筋混凝土制造。1867年巴黎的庭院设计师约瑟夫·莫尼哀（Joseph Monier，1823—1906）利用获得专利的材料发明了普通的钢筋混凝土。当然他以外的其他人也有这样的构思，但是莫尼哀用毕生的经历来改善钢筋混凝土，完全可以称为钢筋混凝土之父。莫尼哀的专利于19世纪末被德国（当时的普鲁士）的商行买下，以德国为中心由德国、奥地利、法国、美国等地工程学者进行研究开发，推进水泥在理论性研究及各个方面的应用（也有部分是面向建筑应用的）。法国建筑家奥古斯特·佩雷（August Perret，1874—1954）于 1903 年在巴黎建造了第一座完全钢筋混凝土的公寓，其造型非常精致。从这个时候开始，钢筋混凝土建筑的历史就被真正开启了。建筑的构造技术从很久之前就有两种方法，即架构构造（像木造建筑那样石柱上架有梁，构成空间）和砌筑构造（像石头、砖头造那样砌成街巷，构成空间）。与之相对，钢筋混凝土是在模子中浇筑流动的混凝土，待干后，使之与钢筋构成一体式空间，所以出现了全新的构造方法。但是关于这种构造方法的批判也有很多，特别是善于用石头和砖头来装饰建筑的建筑家们，他们斥责这种构造方法丧失了建筑的艺术性。但渐渐地，这种构造方法在力学性研究上取得了成果，特别是在耐火楼板上表现出了优秀特性，建筑先驱者们（例如贝利）也发现了这些优秀的作品，所以开始越来越广泛地应用。1916 年，作为理论研究中心的德国制定了世界第一份钢筋混凝土标准说明书，确立了新的构造方法。

即使是在比钢筋混凝土研究较迟的混凝土调剂理论（水泥、沙、砂石、水的混合比例和强度的关系理论）领域上，1918 年美国阿布拉姆也建立了实用的调剂理论。如此一来，在 20 世纪 10 年代，钢筋混凝土结构首次被确认为值得信赖的、具有科学性的建筑构造技术。

3.3.2　近代钢筋混凝土结构在沈阳的发展

（1）俄国工程师的引入

钢筋混凝土结构或者是两者混合的铁骨钢筋混凝土结构已经成为当今世界建筑的主流构造方法。沈阳最初的钢筋混凝土结构是随着中东铁路的修建而由俄国工程师引入。俄国人最先将先进的结构技术用于铁路工程建设，为沈阳的建筑技术进步上了启蒙的一课。

（2）日本施工队伍的实践

日俄战争后，日本为了建设满铁附属地，随之引入了本国的建筑材料和施工队伍，并在 1906 年修建了沈阳第一栋钢筋混凝土建筑——七福屋。而在上海近代建筑史研究中记载，1908 年建造的 6 层楼的上海电话公司，被认为是我国第一座钢筋混凝土框架结构大楼。可见，沈阳七福屋虽然由日本设计和施工，却比上海电话公司早两年。而同时期传入的钢筋混凝土结构，在沈阳却有着不同的发展轨迹。

铁西区是以建筑工业化生产的方式快速建设而成的。首先，20 世纪 30 年代后，大量的建筑工业如混凝土、水泥、砖瓦、玻璃、涂料、钢材、门窗厂及建筑机械等工厂涌现，成为建筑工业化生产的物质基础。其次，需要快速建成大片工厂的客观要求，使得已接受现代功能主义建筑思想的日本建筑师们采用了工业化的建筑设计及生产方式。铁西区的工厂建筑普遍运用钢筋混凝土框架结构，工厂的平面也完全按工艺要求而设计。建筑造型也都是"豆腐块"式的几何形体，没有装饰，有许多厂房是水泥罩面。具体实例如，1935年设计、1936年竣工的奉天麒麟啤酒厂（今沈阳啤酒厂二车间），由井户田建筑事务所根据制酒工艺"糖化—发酵—出酒—包装"的流线，配置车间平面，表现出现代功能主义的自由平面特征。外部造型完全由内部功能所致。与麒麟厂并称为"姊妹厂"的奉天太阳啤酒厂，为同一家事务所设计，亦是五层的现代功能主义厂房建筑。根据功能要求自由开设大小不一、高低不同的门窗及室外楼梯等。满洲亚细亚麦酒厂（今沈阳啤酒厂一车间），1934年由日本总社的指宫城（机械）、兵滕（酿造）两技师设计；1935年由大仓组承接施工，两技师亦赴沈阳现场，与大仓组一起协调施工；1936年工程告毕。此工厂从设计之初到工程结束，均体现了十足的现代功能主义风格。

（3）非大众化的传播

在沈阳的近代建筑中，钢筋混凝土主要分布在满铁附属地，在沈阳的老城区数量有限，且即使个别分布在沈阳老城区的钢筋混凝土建筑也是混合建筑，局部使用该结构，建筑体量不大。分析其影响发展的主要原因作者认为是材料依靠进口，无法自给自足。1900年左右日本开始尝试新钢筋混凝土技术，与沈阳几乎同步，虽然不像西欧各国拥有长期的混凝土使用经验和研究历史，但是日本在1877年之前就已经在全国范围内进行水泥生产，稍迟的钢材生产也于1901年在八幡制铁厂开始进行，无论是水泥的生产还是钢材都进入自给自足的新时期。而在沈阳复新建筑有限公司承接的东北大学工程，于1929年申请"购买洋灰七千包铁筋七十吨，业已启运来沈希即免税放行"[①]。可见，此时洋灰、钢筋都需要进口，材料的高成本必然约束了钢筋混凝土建筑技术的传播，使其成为上层建筑才能尝试的一种结构，也使其技术成为少量承接大型项目的建筑公司才能掌握和把控的。

3.3.3　奉天纺纱厂拣花部

《盛京时报》中记载："纺纱厂开工期近，奉天纺纱厂筹备已及二年半，迄未开工，昨闻其场内工程除建筑部分早已竣工外，其余纺织机、电动机、喷露机亦均安置妥洽，惟蒸汽锅炉尚未安毕自今一个月后方能开工，现下该厂韩副厂长，是新近毕业于东京高等工业纺织科者，对于纺纱事宜习有专长，故入厂以后大事改革极力筹进，商业部长郭子扬亦新近毕业早稻田大学，对于工业知识亦极宏富，将来该厂前途定有蒸蒸日上之势，据郭氏之言曰，日本纺绩业年来已极发达，我国纺业方在萌芽似难与之对抗，但我国方面亦有特便之点，即工价之低廉，原料之自给，燃料之低廉，关税之节省，是也此数端我国出品不难与外洋相抗

---

① 辽宁省档案馆，民国档案 L64-9464。

衡，我奉虽是初创将来改良棉种当比较南方之各大纱厂其进步尤为迅速发达未可限量。"那时的奉天纺纱厂厂区占地约 21 万 m²，仅车间厂房就 600 多间。设有纺、织两厂，纺厂分钢丝、并条、粗纺、细纱、摇纱、成包、染色各部；织厂分整理、合股、卷纱、浆纱、机织、针织、打包各部。还设有清花厂、修机厂、花纱线等。另有职员宿舍、家眷宿舍、工人宿舍、职员俱乐部、工人俱乐部、职业学校等。到了 1923 年 10 月 1 日，工厂终于全部开机，正式投产。到 1930 年 5 月，工人已发展到 1862 人，为当时奉天省城人数最多的工厂之一。

奉天纺纱厂拣花部①是由沈阳近代影响力最大的建筑公司之一多小公司承担的建筑项目。捡花部及喷雾室一座共 30 间，计东西面宽 10 间，每间 12.5 尺，南北进深 3 间，每间 20 尺，占地 125 尺 × 60 尺（图 3-58 ~ 图 3-60）。

（1）钢木组合屋架

厂房平坡结合，是钢木组合屋架。其中坡屋顶天面做法为，制造木架锯齿形天窗一座，北侧为玻璃窗，每 20 尺即每间做一斜坡天面板。具体施工工艺为：先抹用

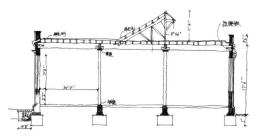

图 3-58　拣花部剖面图
图片来源：作者根据辽宁省档案馆藏图绘制

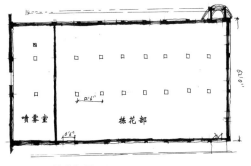

图 3-59　拣花部平面图
图片来源：作者根据辽宁省档案馆藏图绘制

图 3-60　拣花部立面图
图片来源：作者根据辽宁省档案馆藏图绘制

于防腐臭油一次，后铺用于防水的 3 号油纸一层，再钉妥木条后铺用于保温的草泥 2 寸厚，上盖天津生产的红色洋瓦，脊上盖大圆筒瓦，在每间的水沟二重板上先铺油毡一层，刷油精一次，然后上盖 26 号白铅铁（图 3-61）。

木屋架做法：采用高 14 尺 8 寸、方 10 寸的木柱，每边四角刨坡 6 分，上下用铁盘固定，每间安装 20 尺大梁，方 16 寸 8，长 12 尺，半间时用长 12 尺，截面 8 寸见方，八字木为 8

---

① 辽宁省档案馆，民国档案 3289。

寸 ×6 寸，横桁木为 8 寸 ×3 寸，竖木及横撑为 6 寸 ×6 寸，中柱为 6 寸 ×8 寸，望板厚 6 分，横桁每 2 尺中安一条望板，刨斜压缝挂瓦木条 1.5 寸 ×2 寸，并全部天面内部所看见的材料均刨光，天面的锯齿形的木架每两头外边钉装 6 分厚的鱼鳞形板，内钉板条，涂灰封檐，板厚 1 寸 2 分 ×1 尺，每隔间安装水管，并用 6 分板钉箱子，约高 6 尺，所有内部的水沟口上以 1 寸半厚的红松板盖合（图 3-62）。

天窗分上下两层，下层窗门均是双层单扇，上层门窗是单扇玻璃摇转形，墙上窗门分四扇是双层向上开的形式，上层单扇窗户高 7 尺 9 寸，宽 2 尺 8 寸，下层双扇窗户尺寸相同，框木 3 寸厚、7 寸宽，门高 9 尺宽 5 尺半，门框厚 3 寸 2 分宽 7 寸以上。

天沟均采用 26 号白铅铁皮一层，竖立的铅铁水管做方形 3 寸 ×6 寸，每 3 尺安一铁架，该铁架厚 2 分 ×6 分，做成天面。架木上均用铁螺丝及铁夹板，厂内全部的柱顶上配铸铁架，每柱按 1 个并曲尺铁 4 个，用来拉固大梁横梁，每柱底座亦铸铁盘 1 个，安装水泥灰地上，为承受木柱之用，每一棵大梁靠砖墙处以铁板螺丝拉紧。

其中平屋顶为平台，先在板上刷臭油一次，再铺设一层 3 号油纸，并刷臭油一次，然后以洋灰三合土打厚 5 寸，以洋灰沙抹平后再刷臭油精一次，铺一层 3 号油纸，此时刷油精两次，铺一层 2 号油毡，上面再用油精盖面铺上臭油粗沙子以保暖，并在四边望墙上每隔一间预做出水口一个，为装设水管，铺设的油毡要求弯上望板四层砖以上并在砌墙砖时预留叉口为粘贴该油纸油毡（油毡夹缝处宜压 3 寸以上，平天面以 60 尺斜坡 1 尺为合格）（图 3-63）。

（2）洋灰地与墙体

全部地面先垫炉灰，夯打两次，打碰一次，再以洋灰三合土打厚 5 寸，上再以洋灰沙抹光，

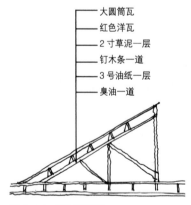

图 3-61　坡屋顶做法
图片来源：作者根据辽宁省档案记载绘制

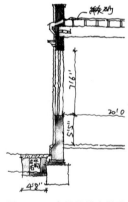

图 3-62　有组织排水做法
图片来源：作者根据辽宁省档案记载绘制

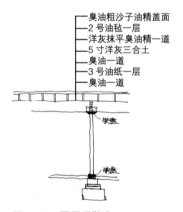

图 3-63　平屋顶做法
图片来源：作者根据辽宁省档案记载绘制

厚 1 寸，地内下暗钢管子两道，经 8 寸接口用 1：3 沙子、洋灰抹缝，距离 2 丈远做活盖小井一眼，以备通管子用（图 3-64）。

外墙砖缝先将砖缝整修平直，磨光洗净，再刷上砖色灰浆，然后以洋灰抹皮条缝，屋内四面围墙先抹麻刀灰一次，再抹 1：3 沙子、洋灰一次，刷洋灰浆以光滑为度（图 3-65）。

（3）油饰玻璃、供暖

门窗口上色铅油三道，颜色临时指定，玻璃用秦皇岛出品，插销折页门锁均用西洋货品。拣花部内部装设散热器管三排，每排散热器管 10 根，长 9 丈，管子口 1.5 寸粗。

奉天纺纱厂不仅是沈阳近代民族工业的典型代表，其建筑特别是厂房车间，在建筑技术方面也体现了民族特性，是具有地域特色的现代工业建筑。

①该建筑开沈阳钢木组合屋架之先河。建筑平、坡相结合，并且开设天窗，保证室内外空气的流通，同时保证工业厂房的采光和照明。

②工业流程和生产工艺促进建筑技术的变革。由于纺纱厂的工艺复杂，不同的车间对建筑空间有不同的需求，如拣花部用铁盘固定木柱，便于生产线上机器的运行；天面上锯齿形的木架、两层的天窗、上旋的立面窗户都保证空气在流通的同时风向的随和与稳定。

③不完全合理的结构体系。拣花部采用了三角形木屋架，但是在屋架的组合过程中，并不是完全符合力学原理，构架的搭接略显杂乱（图 3-66），而这正是本土建筑在现代转型过程中出现的现象。

从文化学视角，关注文化移入与适应现象，通过对近代建筑砖木、砖混、钢及钢筋混凝土结构的引入和发展过程以及对典型建筑和重要构造节点的分析，总结"自上而下"外来建筑技术本土适应性以及"自下而上"本土建筑技术西洋化的发展特点。将建筑构造与建筑结构结合起来，对每一种结构体系的研究主要从其引入的过程和发展规律入手，主要针对其有特色的构造部位，如砖木结构的三角形木屋架、砖混结构的地下室以及钢筋混凝土的柱承

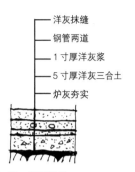

图 3-64　基础做法
图片来源：作者根据辽宁省档案记载绘制

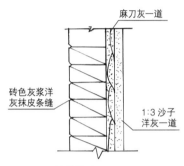

图 3-65　墙体做法
图片来源：作者根据辽宁省档案记载绘制

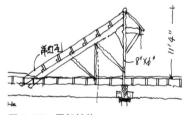

图 3-66　屋架结构
图片来源：作者根据辽宁省档案记载绘制

重等构造节点的研究。

这种结构中的构体还带有自身的特点，如几何不变形的屋架、扶壁柱和各种形式的砖（石）砌承重拱结构等。砖混结构由于高成本的建筑材料决定了其在沈阳近代时期无法像砖木结构那样能迅速地在全范围内普及推广应用，所以砖混结构在沈阳的发展在时间上亦是从新城市建设和新的建筑类型对空间的需求而开始的；从地域分布上，主要是位于满铁附属地和沈阳的新市区以及新的工业区；从设计人和施工单位中，均是国内外在沈阳最有影响力的建筑师和建筑机构。砖混结构在建筑中主要应用于建筑的局部部位，如地下室、平屋顶以及屋顶花园。对于钢筋混凝土结构由于其技术的先进性，主要应用于现代工业厂房和重要的公共建筑中。

此时，力学计算已经开始出现并深入建筑设计、结构、设备等各个方面。中国传统建筑在许多方面都体现出对力学的感性理解和应用，但从不需要进行具体的结构计算。其只是从大的方面进行控制，而具体部位的构造则采用大材大料，确保建筑的安全与坚固。随着西洋风建筑的进入，建筑中所蕴含的建筑力学就一起被带到近代建筑之中，这是建筑发展过程中最为重要的一步跨越。

沈阳近代建筑中最早的力学计算是应用在屋顶部分。三角形木屋架的出现，标志着近代建筑的实质性开端。用三角形屋架取代抬梁式屋架使得木材用料大大地节省、建筑跨度可以更大、屋架受力更合理，并有效地减轻了屋面的重量。在沈阳近代早期的建筑中就已经有三角形木屋架的应用，一开始是出现在由外国人在本地设计的建筑之中，后来逐渐地被中国设计师所学习和接受。

本地近代建筑的发展顺序是由表及里，力学计算也是由外至内：最初只是将外围护部分的形式塑造成西洋样式，而结构系统仍以中国传统的木构框架作为承重体系；此后，首先在屋顶的结构部分发生了变化，经过力学计算的三角形木屋架成为近代建筑走向科学化的第一步；进而，外墙变成了承重体，由外围护部分变成了外围护结构，这时楼房各层内部的承重系统仍为木构框架；以承重墙和梁柱系统构成的砖混结构、钢筋混凝土框架结构，以及多种高层建筑结构标志着建筑技术近代化的真正实现与完成。

第 4 章　新建筑材料及相关施工工艺的引入与自主生产

建筑材料是人类赖以生存的物质材料之一，其随着社会生产力的发展而发展。古代人自脱离"穴居巢处"后即对建筑材料有了需求，经历"凿石为洞，伐木为棚"、筑土、垒石阶段，出现了烧制砖瓦、白灰等传统建筑材料。沈阳传统建筑的主要材料是青砖、木材以及土坯。当西方建筑随着外来文化被人们认可和推崇时，原有近代初期仅靠地方传统建筑材料和技术做法来修建具有西方建筑样式和符号的建筑已经不能满足人们的需求，这样传统建筑技术和新的生产关系形成的建筑体系之间的矛盾，必然推动和刺激传统建筑技术的动摇和变革。西方的新材料开始远渡重洋，伴随着租借地、商埠地建设而源源不断地被引入，并且随着工程量的不断增加，逐渐在这里形成较为完整的生产体系。新型建筑材料的诞生推动了建筑结构设计和施工工艺的变化，而新的结构设计方法和施工工艺又对建筑材料的品种和特性提出更多更高的要求，所以沈阳近代新型建筑材料的引入和发展成为必然。

4.1　红砖的引入与推广

4.1.1　红砖的引入

4.1.1.1　沈阳老城区最早的红砖主要用于装饰

沈阳作为清王朝的龙兴之地，自古重视建筑活动，其中宫殿、陵寝以及王府大臣的宅邸修筑都是采用传统的青砖，再加上经过数次扩张的沈阳城墙，其材料也是青砖，因此在沈阳周围有大量烧制青砖的窑场，如位于海城缸窑岭的"盛京皇瓦窑"是明末清初比较有名的窑场，建于明万历年间，窑主侯振举在 1622 年被后金封为五品官，其窑场也成为官窑。为修建宫殿及"盛京三陵"（永陵、福陵、昭陵）生产建筑材料，有工匠数百人，隶属盛京工部。随着经验的积累，工匠们掌握了扎实而又纯熟的青砖营造技术和雕刻工艺，也许正因如此，在近代，沈阳由传统建筑材料青砖砌筑的建筑贯穿整个时期，特别是在沈阳的老城区，上到奉系军阀的办公府邸，下到寻常百姓的宅院，无论是外来建筑样式的教会建筑，还是土生土长的老字号商号，均采用青砖砌筑。那么作为新兴建筑材料的红砖，在沈阳老城区是如何传入与应用的呢？

日俄战争使清政府认识到改革的重要性，因此推行"预备立宪"，启动了中国由君主

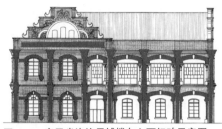

图 4-1　奉天省咨议局辅楼东立面红砖示意图
图片来源：作者自绘

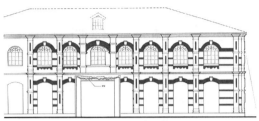

图 4-2　东三省总督府立面红砖示意图
图片来源：作者自绘

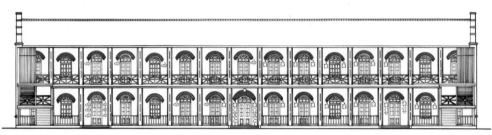

图 4-3　东关模范小学立面红砖示意图
图片来源：作者自绘

专制制度向资本主义民主制度转变的进程。沈阳此阶段的建筑也一改过去纯青砖砌筑的方式，不仅在建筑样式中增添西方建筑符号，并且在建筑材料上也在青砖承重的基础上增添红砖装饰，所以在沈阳老城区，红砖最初是作为建筑的装饰材料而被引入和应用的。

沈阳老城区最早使用红砖的是以奉天省咨议局（图 4-1）、东三省总督府（图 4-2）、东关模范小学（图 4-3）为代表的新类型、新功能、新样式的建筑。它们主要有以下特点。

（1）外装饰以红砖为主

作为新兴的建筑样式，主要以模仿和仿造西式建筑为主，而具有西式建筑样式特点的构件往往采用红砖砌筑完成，即青砖为承重墙体，而红砖用于外装饰。红砖在建筑外表面的使用位置主要分三个部分：首先，是突出主墙面门窗洞口的拱券、西式的柱头和列柱，它们是最直观体现西式建筑特点的语汇。其次，是屋顶的装饰，如砖雕纹样与檐板，通过西式的纹样来表现建筑的热烈。最后，是主墙面，通过青砖中穿插红砖，砌筑出有几何秩序的花纹。

在沈阳老城区，红砖作为新兴的建筑材料的最初及之后 20 多年里只被用于外装饰为主的建筑材料，究原因，作者认为主要有两点：一是价格，由于传统工艺采用青砖，所以在沈阳周围传统的手工砖窑均为青砖，工人们掌握青砖的烧制工艺，而作为传入材料的红砖，自主生产需要较长过程，产量决定了价格，所以早期红砖的价格自然高于青砖，所以建筑中红砖要用到"点睛之处"。二是质量，传统工匠非常了解青砖的性能，认为青砖坚固、耐用；而红砖作为新材料，对其性能的掌握自然也需要时间，所以建筑的承重墙体仍是使用令工匠

图 4-4　红砖外装饰
图片来源：作者自摄

们信任的青砖（图4-4）。

（2）多样的砌筑方式

红砖作为建筑外立面的装饰材
料，在与墙体的结合过程中，有着
丰富多样的砌筑方式，其中主要有
咬接交错搭接式、并列平行砌筑式、
灰浆黏合式。咬接交错搭接式一般

图 4-5　多样的砌筑方式
图片来源：作者自摄

应用于红砖柱与主墙体的结合突出墙体的装饰物上，通过青红砖的咬接交错彼此搭接，半砖
或 2/3 砖突出墙面，混为一体；并列平行砌筑式用于红砖与青砖的主墙面混砌，通过顺丁不
同的组合，拼合出适宜的图案；灰浆黏合式主要应用于纹样的雕饰，红砖与灰浆混合成黏合
剂，通过工匠的雕工雕刻出装饰纹样，或通过厂内预制雕刻后（烧制后）用黏合剂黏合而成
的一种方式（图4-5）。

4.1.1.2　满铁附属地内的红砖建筑

（1）日本最先引进和使用红砖

沈阳真正的红砖建筑是以日本建筑师设计为先导的。红砖建筑无论是在日本还是在沈
阳都是近代建筑的标志性特征。日本古代建筑的木构与瓦作同中国一脉相承，但日本并没有
沿袭中国传统的青砖。明治时期，日本打开国门，主动学习西欧的先进技术，红砖建筑作为
西式建筑的象征，也被他们引入。文献记载，明治初年，日本建成的仿西洋建筑使用的是进
口的红砖，建筑费用上造成相当大的负担。转折点在 1872 年，以建设东京银座红砖街为契机，
日本大藏省土木局开始积极推进机械式制砖，1888 年，日本第一家机械式制砖工厂开始运营，
1919 年，日本红砖年产量约为 5 亿 6000 万块（产值 1566 万日元），达到日本机制红砖生
产的顶峰，大量重要的公共建筑采用红砖砌筑，直到 1923 年，关东大地震以后，日本国内

建材主流从红砖转为混凝土。

（2）红砖在沈阳以满铁附属地应用最早

1905年以后，体现西方"近代文明"的红砖被引入沈阳。日本在附属地修建了以"奉天驿"为中心的一组红砖建筑群（图4-6），从1910年的建筑分布图（图4-7），并通过实地走访和历史资料比对，可以看出，在满铁附属地的建设初期，红砖建筑特别盛行，不仅包括公共建筑类型如商场、宾馆、学校、医院，同时也包括满铁舍宅。1910年10月1日投资30万日元修建的"奉天驿"（图4-8）代表了当时红砖建筑技术及艺术的高水平。

奉天驿作为满铁附属地放射性规划布局的中心，得到了满铁的重视，设计之初，便将其定位为高等级火车站。该站楼由满铁建筑课设计师太田毅设计，1908年始建，1910年竣工，是当时有"满铁五大站"之称的满铁主要车站站房之一并且是最大的。奉天驿占地1273m²，建筑面积1785m²，砖混结构。新站舍建筑共二层，一楼为候车室，二楼附设了旅馆，站舍候车室正门内为高二层通顶正厅，设有直上式宽大楼梯，楼上楼下可直达站

图4-6　奉天驿站红砖建筑群
图片来源：沈阳建筑大学建筑研究所

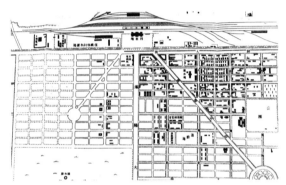

图4-7　1910年满铁附属地红砖建筑分布图
图片来源：作者根据1910年地图考证绘制

图4-8　奉天驿
图片来源：沈阳建筑大学建筑研究所

台。站舍正中屋顶为大半圆形铁皮穹顶，四周有12个圆窗，穹顶为深绿色。正门入口处上方为三角形花案，中间镶有时钟。站房两翼角楼屋顶各有一小半圆形穹顶，亦深绿色，四周有浮雕瓶形栏杆围成女儿墙，每面正中间各有一圆窗。整个站舍上部三角形花案，与挑檐相连，全部为带齿檐口，挑檐下部有灰白装饰线与直角方额窗口凹进贴脸相连，再向下有多种

造型灰线装饰，外墙体为红砖勾缝清水罩面。整个建筑造型庄重典雅，比例谐调，暗红色墙面、灰白色装饰线与深绿色屋顶，形成鲜明色彩，具有东洋与西欧建筑风格相结合的特点，其建筑施工与艺术达到当时甚至日本国内的先进水平。奉天驿与另外两栋同其相对的"辰野式"建筑物（原满铁奉天共同事务所和原满铁奉天贷事务所，均在 1912 年竣工，太田毅设计）形成站前广场（表 4-1）。

沈阳近代典型红砖砌筑建筑（不罩面）列表　　　　　　表 4-1

区域	建成时间	建筑名称	备注	尺寸 /mm
老城区	1933 年	少帅府红楼群	美国建筑公司修建，法式砌法	225×110×60
	1930 年	边业银行	红砖、英式砌法	230×110×60
	1929 年	同泽女子中学	红砖、英式砌法	—
商埠地	1926 年	法国汇理银行奉天支行	红砖、法式砌法	—
	1927 年	奉天邮务管理局	红砖、英式砌法	—
北陵	1930 年	东北大学图书馆	红砖、英式砌法	—
	1929 年	东北大学法学院	红砖	—
	1928 年	东北大学体育场	红砖、英式砌法	—
满铁附属地	1910 年	奉天驿	太田毅和吉田宗太郎设计、英式砌法	230×105×55
	1912 年	共同事务所、贷事务所奉天铁路公安段	英式砌法	230×105×55
	1937 年	满洲医科大学	红砖、英式砌法	230×110×60
	1912 年	奉天铁路事务所	英式砌法	230×105×55
	1915 年	奉天邮便局	红砖、英式砌法	—
	1922 年	奉天高等女学校	红砖、英式砌法	225×105×55
	1922 年	奉天中学校	红砖、英式砌法	—
	1927 年	奉天千代田小学	红砖	—
	1937 年	奉天南满医院	红砖、英式砌法	250×115×70

4.1.2　青红砖生产工艺的比较

中国传统民居中除闽南地区是"红砖厝"之外，其余砖瓦建筑均使用青砖。青、红砖在工艺上均以黏土为原材料，之所以有颜色的差别，主要是因为砖的烧造方法的不同（表 4-2）。青砖的烧制流程为：制作砖坯，进入密封窑，工人依照经验，在烧制的过程中渗水迅速降温，将砖坯中的氧化铁还原成灰黑色氧化亚铁，所以颜色为青砖。而红砖的烧制流

图 4-9 炼瓦的制造场
图片来源：民间收藏家詹洪阁先生提供

图 4-10 窑业砖
图片来源：民间收藏家詹洪阁先生提供

程为：前期同青砖一样利用黏土制作砖坯，将砖坯放入开放窑，借助蒸汽自动设备在砖窑内自然冷却，此时将砖坯中的铁元素与氧元素充分结合生成颜色很红的三氧化二铁，所以砖成红色。但是无论青砖红砖，二者的强度同颜色无关，那么为何青砖在近代逐渐被红砖取代呢？笔者认为主要有三点原因：①青砖操作难度大而且复杂，要求工人的经验丰富，烧制时间长，产量低（图 4-9）。而近代时期，红砖可借助机器烧制，产量高（图 4-10）。②红砖是西方建筑的直观代名词，体现了先进、时尚、现代，所以得到宣扬西方近代文明的日本和进步人士的推崇。③中国人对红色有着特殊代表吉祥的爱恋情节，但在中国古代，红色只能用于祭祀建筑和皇家建筑。所以近代红砖给中国百姓高贵、富足的印象，成为达官贵人彰显身份的象征。

随着日本殖民者进入沈阳的红砖，带来现代工业生产建筑材料的文明，使沈阳建筑材料的生产逐渐开始近代化。但是，由于日本殖民者的保守、侵略、垄断的殖民统治思想，沈阳自主生产红砖的速度很慢，其发展与推广程度其实一直掌控在日本殖民者手中。

青、红砖工艺对比   表 4-2

类型	原材料	烧制方法	操作程序	原理	性能对比
青砖	黏土	砖坯—密封窑—烧制—渗入水降温—青砖	人工	将砖坯中的氧化铁还原成灰黑色氧化亚铁	强度与颜色无关，青砖烧制工艺复杂、难度大、烧制时间长，但密度高、抗风化效果好
红砖	黏土	砖坯—开放窑—砖窑自然冷却—红砖	借助蒸汽自动设备	将砖坯中的铁元素与氧气充分结合生成颜色很红的三氧化二铁	

4.1.3 红砖的自主生产与推广

4.1.3.1 红砖的自主生产

1903 年，日本人松浦如之郎等 3 人在营口市郊建成 18 门轮窑 1 座，日产黏土砖 3 万块。之后，又有日本人在省内各地建窑数十座，采用机器生产。1917 年 6 月 30 日，日本在沈阳设立奉天窑业会社。据《东北年鉴》记载，1923 年以前，所有新式建筑之砖瓦，大部分依赖日商所设窑厂。截至 1926 年，在沈阳的奉天窑业、满洲窑业、小川、共益、浅野等 5 家是当时影响比较大、产砖数量较多的日资砖窑。杜重远 1917 年考取了留日官费生，入日本东京藏前高等工业学校窑业科，专学陶瓷制造，1922 年学成归国。鉴于东北地区没有机制陶瓷工业，瓷器市场完全为日本所垄断，而他本人又学机制陶瓷工业，由于资金薄弱，所以先行生产砖瓦，作为制造瓷器的基础。建厂时只有两筒烧青砖的旧式马蹄窑一座，当年只生产青砖 7 万余块，小青瓦 5 万余块。1926 年兴建一座 18 筒烧红砖的新式砖窑（这种窑省煤，可以降低成本）并扩大青砖和泥瓦的生产。当年生产青砖和泥瓦 90 余万块，全部售尽。按当时习惯，普通建筑都用青砖而不用红砖，因此，120 余万块红砖销售迟滞，几乎全部积压。正赶上东北大学建筑校舍，将红砖全部购买，才解决了资金周转问题。当时大部分人认为红砖没有青砖坚固、耐用，所以一般建筑仍然不愿用红砖。如何打开红砖销路，对肇新的发展是一个重要问题，肇新增设了建筑部和五金部，作为包工建筑营业，以提倡使用砖窑烧出的红砖。同时大力宣传红砖火度足，抗力大，保证坚固耐久，这样促进红砖逐渐被认可。1927 年 3 月，杜重远开始扩建瓷厂，在大北边门外创办肇新窑业公司，翌年建轮窑一座和泥瓦窑三座，奉天肇新窑业公司生产出奉天第一代红砖，结束了日资窑业独霸市场的局面，也是中国首创机械制造瓷器的第一家工厂。1929 年，杜重远经营的肇新窑业公司首次试验机械制造陶瓷新技术成功，并投入生产，使日本陶瓷销售大幅度降低（图 4-11、图 4-12）。

图 4-11 肇新窑业砖瓦陶器
图片来源：民间收藏家詹洪阁先生提供

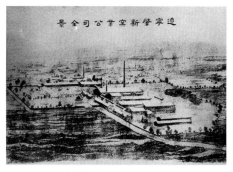

图 4-12 辽宁肇新窑业公司全景（在大北边门外）
图片来源：民间收藏家詹洪阁先生提供

4.1.3.2 红砖的推广应用

红砖的自主生产结束了日本垄断红砖市场的现象，同时将红砖引入了老城区，通过表4-3可以总结出红砖建筑在沈阳近代推广应用的特点：首先，红砖建筑由日本引入，并在满铁附属地盛行，但这并没有影响红砖在沈阳老城区的推广节奏，在沈阳老城区，红砖的传入并不是一蹴而就，传统青砖近20年独占市场；其次，随着红砖自主生产的实现，在沈阳老城区才开始出现真正的红砖建筑；最后，红砖在沈阳奉系军阀统治地区是作为西式现代建筑的标志性建筑材料而被使用和推广。总之，红砖作为沈阳近代一种重要的新型建筑材料，不仅带动了建筑样式的西洋化，同时也带来了建筑材料的产业化和工业化。

对比沈阳和日本在红砖的生产与发展（表4-3），可以看出沈阳近代红砖的引入与推广具有典型的殖民发展特点，生产的主动权掌握在殖民者手里，限制着殖民的自主生产和材料的更新与进步，虽然也曾经历了短暂的民族意识的竞争，但这个过程的重心在于刺激民族产业的出现和发展，并没有对材料和产品进行优化和提升，这就是沈阳近代新材料生产的普遍现象和问题。

沈阳与日本本国红砖建筑的进程对比表　　　　　　表4-3

地域	生产与发展	发展差别
沈阳	出现（1905年）—日本垄断生产（1905—1923年）—自主竞争销售（1923—1931年）—日本垄断	从发展对比中可以看出沈阳的红砖的引入与发展具有典型的殖民发展特点。虽然它也有短暂的竞争阶段，但这个竞争过程仅刺激民族产业的发展，并没有对材料、产品的优化
日本	出现（19世纪50年代）—大规模生产（1886年）—统一规格（1925年）—降低生产（1937年）	

4.2 水泥（洋灰）与混凝土的现代应用

4.2.1 水泥的由来与传入

水泥旧称洋灰。因为它对中国人来说是舶来品，所以同洋枪、洋炮一样，根据其外在的特性，称之为"洋灰"。水泥是一种水硬性胶凝材料。在水泥中加入适量水后能够将其转化为塑性浆体，无论是在空气中还是在水中均可硬化，硬化后强度较高，能够抵抗淡水或含盐水的侵蚀。如果能将砂、碎石等散粒或纤维材料加入水泥中，可以非常牢固地胶结在一起。水泥的产生促进了整个世界建筑技术的发展和飞跃，为现代建筑材料混凝土的发明，以及现代建筑结构体系钢筋混凝土结构的创造提供了基础和条件。

　　水泥最早可以追溯到古罗马时期，据记载，聪慧的古罗马人在建筑工程过程中开始使用石灰和火山灰的混合物，前提当然是地大物博的古罗马城拥有丰富的火山灰和石灰石。1756 年，英国工程师 J. 斯米顿在研究中发现如果需要获得水硬性的石灰，必须使用含有黏土的石灰石才能烧制出来，如果用于水下建筑的话，那么最理想的当然是水硬性石灰同火山灰的混合配比，这个就是近代水泥最初的雏形和原理。1826 年 J. 阿斯普丁终于用石灰石和黏土烧制出近代的水泥，由于硬化后同当地波特兰地方用于建筑的石头颜色相似，所以又被称为波特兰水泥，也就是我们现在的硅酸盐水泥。1871 年，日本开始建造水泥厂；1886 年，中英合资创办了澳门青洲英坭厂，生产翡翠牌水泥。自其问世以来，水泥就成为建筑领域重要且难以替代的建筑材料，虽然中国和日本的水泥生产的时间差不多，但水泥在中国的生产无论是厂数的设置、产量以及技术的更新都发展缓慢（表 4-4）。1889 年，河北唐山成立了用立窑生产的"细绵土"厂房（图 4-13）。1906 年，该厂引进了新的设备，整合创建了影响中国近代水泥市场的启新洋灰公司，生产"马牌"水泥（图 4-14）。"马牌"水泥品质优良，曾多次荣膺国际大奖。1919 年，启新水泥的销售量占全国水泥销售总量的92.02%，对沈阳来说，启新马牌水泥是质量和信誉的保证。如 1929 年修建的沈阳中街上著名的中和福茶庄、1929 年多小建筑公司设计施工的吴铁峰洋房、1930 年白子敬建筑公馆的修建、1931 年辽宁公济平市钱号工程等均在建筑设计之初的工程做法说明书中就明确指定建筑中的水泥混凝土及水泥工程须采用唐山启新马牌水泥，可见其在沈阳的畅销与认可。1930 年 6 月 17 日启新洋灰股份有限公司在沈阳设立支店，沈阳成为启新洋灰公司在全国仅设有的四个总批发所（天津、上海、沈阳、汉口）之一，沈阳成为启新洋灰公司在东三省的销售中心。

图 4-13　启新洋灰公司前身——唐山细绵土厂

图 4-14　马牌水泥商标

中国近代水泥工业发展简表 表 4-4

时间	厂名	产权	产品	备注
1886 年	澳门青洲英坭厂	中英合资	翡翠牌	—
1889 年	启新洋灰公司（原唐山细绵土厂）	民族资本企业（天津、上海、沈阳、汉口四个总批发所）	马牌（在美国芝加哥博览会上获奖）	1919 年，启新水泥的销售量占全国水泥销售总量的 92.02%
1907 年	广东士敏土厂	岑春煊筹划	威风祥麟牌	中国第一个国有水泥企业
1908 年	小野田洋灰	日本小野田	龙牌	大连
1908 年	武汉大冶水泥厂（启新公司收购后更名为华记湖北水泥厂）	张之洞、程祖福	宝塔牌	1910 年，获南洋劝业会头等奖、银奖牌各 1 枚
1917 年	山东洋灰公司	德国人创办。1918 年由小野田洋灰制造株式会社接管		产品行销大连、青岛和上海等地
1920 年	致敬洋灰股份有限公司（济南）	朱东洲		1932 年生产出水泥产品
1920 年	上海华商水泥公司	—	象牌	上海龙华
1928 年	中国水泥公司（南京）	姚锡舟	泰山牌	1935 年日产量 715 吨
1933 年	江南水泥厂（南京）	启新		袁克桓、陈范有、赵庆杰、王涛
1963 年	华新水泥股份有限公司	王涛为总经理，翁文灏为董事长		抗日战争后，中国最大水泥厂

4.2.2 水泥在沈阳的使用

沈阳传统建筑的砖墙砌筑因建筑等级不同，而采用不同的黏结材料。在官式建筑以及个别重要建筑中，往往采用糯米煮浆加在石灰里面来砌砖缝，如清代东陵。这种黏合方法黏合后非常坚硬。次者用石灰砂浆，再次者用灰砂、黄土的混合灰泥。除俄国人在沈阳修桥建路的工程之外，在近代，可追溯的最早使用水泥作为黏合剂的建筑为 1906 年盛京施医院修建的新医院，黏合剂采用的就是唐山启新公司生产的回转窑水泥。1905 年，随着日本攻占大连，日本国内著名的水泥制造商小野田洋灰制造株式会社就相随勘查地质，1908 年在大连开设水泥厂，生产"龙牌"水泥。1922 年修建的奉天纺纱厂散热器锅炉房中暗台及地基的水泥使用的日本的"龙牌"水泥，明台采用的是"马牌"水泥，[①] 可见，两种水泥在沈阳

① 辽宁省档案馆，民国档案 3296。

116

竞争激烈，但从前文的分析中，"启新洋灰"作为国产品牌，在沈阳的老城区和商埠地得到国人的支持和信赖。

水泥的引入为沈阳近代建筑业带来了重大的变化，水泥强度大、抗水性好，并且防冻，特别适合沈阳的地域气候。虽然水泥的特性好，优势明显，但由于在沈阳，当地生产的水泥由日本人垄断，而唐山水泥运送到沈阳，需要经过铁路，运费偏高，所以，水泥在沈阳近代属于高消费的建筑材料。因此，在建筑施工中，其主要应用在建筑结构和技术的关键部位。

"1929 年修建的中和福茶店，砌砖均用上等青砖，凡用时确以清水浸透，均用一成白灰三成粗砂，每层灌浆一次，充满为度，砖缝不过三分，务要平直。惟地窖子砌砖时用一四七洋灰白灰砂子灌浆充满以免漏水"。[①]

水泥在沈阳的使用并不是因砌筑砖墙而大量使用，而主要是混凝土和建筑装饰以及砖券的砌筑，从表 4-5 中可以看出硅酸盐水泥的配合比很多，总的来说，在普通工程中，砂浆调和比低下，石灰的作用偏大；另外，在使用砂的同时，也使用砖头的碎片和石子，只有在重要的大型建筑中，才会增加水泥的配比。总之，水泥的出现促进了沈阳近代建筑结构的改进，砖混结构和钢筋混凝土结构相继出现。

在满铁成立之初，日本商人就已经敏锐地发掘了东北的建筑市场，水泥作为城市建设必不可少的材料，与日本的建设兵团一同直接进入并被应用；而在沈阳的老城区，水泥却是一种全新的建筑材料，购货渠道固定而单一，决定其必然不是廉价之物，所以主要应用于大型的或重要的公共建筑和富贾官员的商铺与府邸。

沈阳近代建筑水泥配比举例　　　　　　　　　　　表 4-5

建筑部位	配比方式	实例
门窗、璇脸	水泥：沙子 =1：5	电灯厂办公楼 白子敬洋房
暗台	水泥：细沙：石子 =1：3：6	奉天纺纱厂建筑散热器锅炉房烟囱
明台	水泥：细沙：石子 =1：2：6	奉天纺纱厂建筑散热器锅炉房烟囱
地基	水泥：白灰：沙子：碎砖 = 1：2：5：10	东三省官银号建筑职员宿舍饭厅厨房等工程
地面	水泥：石子：沙子 =6：1：3	东三省官银号建筑职员宿舍饭厅厨房等工程
墙体灌浆（山墙）	水泥：热白灰：沙子 =1：2：10	奉天电灯厂修建新厂办公楼
外墙皮	水泥：熟白灰：沙子 =1：1：5	奉天电灯厂修建新厂办公楼
固体台阶	水泥：沙子：圆石子 =1：3：6	白子敬洋房

---

① 奉天市政公所档案，民国档案 L65–1612。

建筑部位	配比方式	实例
人造花岗岩墙面	水泥：色石粒=2：5	白子敬洋房
抹色水泥浆墙面	水泥：淋透石灰：沙子=1：1：5	白子敬洋房
过梁	水泥：沙子：碎石=1：2：6	吴公馆建筑三层洋式楼
地面板	水泥：白灰：沙子：碎砖头=1：3：5：10	吴公馆建筑三层洋式楼
水刷石墙面	水泥：小黑白渣=1：1	辽宁公济平市钱号

4.2.3　伪满时期水泥的生产

伪满时期全东北共计有 14 个现代化的水泥工厂（表 4-6），除大连小野田灰泥工厂是日本于 1908 年建成的以外，其余 13 个工厂都是在"九一八"事变后建立起来的。"九一八"事变后，日本占领了东三省，成立了伪满洲国，日本国内的资本家都迫不及待地前来东北，利用丰富的资源和廉价的劳动力，赚取高额的利润，因此，水泥业也竞争激烈。这些水泥工厂的建立为日本在东北的大规模开发建设提供了材料支持，沈阳此时以"奉天大都邑计划"为目标加快建设步伐，铁西的现代工厂、新式的钢筋混凝土结构等都是以水泥为基本建筑材料。

伪满时期东北水泥企业名录[①]　　　表 4-6

序号	水泥厂名称	创立年代	地点	创立人及背景	服务范围
1	小野田灰泥工厂	1908 年	大连	大连小野田水泥株式会社	—
2	日满合办满洲洋灰株式会社	1933 年	辽阳	北林吉惣	—
3	日满合办哈尔滨洋灰株式会社	1933 年	哈尔滨	北林吉惣	北满水泥市场
4	大同洋灰株式会社	1933 年	吉林哈达湾	日本浅野水泥会社	—
5	小野田鞍山水泥厂	1933 年	鞍山	大连小野田	—
6	满洲小野田洋灰株式会社泉头工厂	1936 年	四平	大连小野田	—

---

① 根据 1965 年《辽宁文史资料选辑第五辑》第 77–96 页归纳整理绘制。

续表

序号	水泥厂名称	创立年代	地点	创立人及背景	服务范围
7	满洲小野田株式会社小屯厂	1939 年	辽阳、本溪间小屯子	大连小野田	—
8	本溪湖洋灰股份有限公司	1936 年	本溪彩家屯	大仓财阀日高长次郎	操控安奉线和东边地区的水泥市场
9	本溪湖洋灰股份有限公司宫原分厂	1961 年	本溪宫原	大仓财阀	—
10	抚顺水泥厂	1933 年	抚顺煤矿大官屯	满铁	—
11	牡丹江水泥厂	1961 年	牡丹江省宁安县	哈尔滨水泥株式会社	控制牡丹江、佳木斯、延边一带的水泥需要
12	大同水泥株式会社锦州工厂	1962 年	锦西	个人	争夺锦州、热河一带的水泥市场，同时利用葫芦岛港向华北输出，与唐山启新水泥厂对抗
13	东满水泥株式会社庙岭厂	1963 年	丹图线苗岭山	朝鲜铁道会社	开发矿山和朝鲜使用
14	安东水泥厂	1961 年	安东市六道沟	满洲重工业会社	满洲重工业会社完成安东大东港计划

4.3　玻璃在近代建筑中的应用

4.3.1　玻璃在我国古代建筑上的应用

玻璃并不完全是近代的新生材料，在我国，玻璃有着自己的发展过程。考古发现，早在春秋战国时期，就有以珠、管、剑饰为主的一些小型玻璃制品；北魏时期，中西文化开始交流，玻璃作为舶来品进入。在古代建筑中，在建筑物的顶部采用类似平板玻璃的明瓦来采光，据《颜山杂记》《博山县志》记载，山东博山在明清时期，曾生产明瓦。目前，在我国福建的传统村落民居中还可以找到当年在屋顶铺设的用于采光的明瓦。由于其是手工制作，产量低，透明度不高；且传统建筑用格栅分割门窗，尺寸小，安装不便，所以玻璃在我国古代并未能广泛使用。

4.3.2　玻璃在近代沈阳的出现与应用

在近代建筑中玻璃是不可缺少的。虽然在公元 200—300 年，罗马教堂就已经出现了彩色玻璃窗，但沈阳的彩色玻璃是 19 世纪 70 年代随着西方传教士在沈阳修筑教堂建筑而出现的；平板玻璃则随着俄国修筑中东铁路南满支线而进入沈阳。任何一种建筑材料如果想广泛地被采用和推广，首先要具备来源广价格低的特点，而中国大规模生产平板玻璃是同近代工业相联系的，直到 1922 年，秦皇岛创建耀华玻璃厂，是中国乃至远东地区第一家采用机器制造玻璃的工厂[①]，在笔者调查的近百栋建筑的工程做法说明书中，大部分都明确规定使用秦皇岛耀华玻璃厂生产的玻璃，同时会指定建筑的厚薄程度，并规定无水泡和皱纹者才能使用（表 4-7）。

部分建筑使用玻璃情况举例[②] 　　　　　　　　表 4-7

时间	项目	厂家	备注
1936 年	学校	耀华玻璃厂	薄片玻璃
1930 年	拘留所	长光牌普通玻璃	无水泡即可
1931 年	杨景荣宅	耀华玻璃厂	单槽
1929 年	李少白建筑楼房	秦皇岛出品	无皱纹者
1929 年	南洋钟表行	耀华玻璃厂	无水泡皱纹者
1931 年	省立第一初级中学	耀华玻璃厂	素片玻璃
1929 年	吴铁峰建筑住楼工程	秦皇岛出品	7mm 厚
1928 年	奉天纺纱厂	秦皇岛出品	—

可见，在近代时期，决定玻璃质量的因素主要有薄厚程度、纹理和褶皱，同时厂家也是信誉的保证。玻璃作为新的建筑材料，在沈阳主要依靠的是引入，而玻璃本身作为易碎产品，在运输过程中自然加大了损耗率，所以质量好的玻璃同样是高价位的，在沈阳的近代建筑中也主要应用到重要的或高造价投入的建筑中。

4.4　新型装饰材料的出现与应用

4.4.1　瓷砖

沈阳近代后期，在满铁附属地修建有大量的外立面贴有瓷砖的建筑，这种风格和材料是由日本传入沈阳的。第一次世界大战结束后，钢铁及钢筋混凝土结构在日本逐渐盛行和普及，日本的红砖建筑时代接近尾声，随即急速地掀起一股空心砖、瓷砖、赤陶之风。1923年日本的关东大地震给砖木结构以沉重的打击，那些构成日本明治时期最典型的靠砖墙支撑

---

① 1907 年日本旭日玻璃股份有限公司设立玻璃板专门制造商，使用手吹法，年产量 5300 箱。
② 根据沈阳市档案馆藏沈阳市政公所档案及辽宁省档案馆藏民国档案整理。

自重的砖木结构被质疑，进一步促进钢铁、钢筋混凝土结构的发展，红砖成为新结构的填充物和装饰材料，随后被瓷砖取代。因为瓷砖不仅能够保护墙体，防止砖的日久风化和腐蚀，同时增强建筑的整体感，美观大方，所以，随着瓷砖在日本的盛行也传入沈阳的满铁附属地，并呈现独特的推广途径和特点。

图 4-15　从广场远眺朝鲜银行奉天支店
图片来源：沈阳建筑大学建筑研究所

（1）日本对瓷砖的引进为建筑的内外装饰提供了更多的手段

瓷砖作为面砖在沈阳满铁附属地的使用几乎与日本本国同步，目前现存最早的贴有瓷砖的建筑是 1920 年建成的朝鲜银行奉天支店（图 4-15）。朝鲜银行奉天支店是由 1905 年东京帝国大学建筑学科毕业的被誉为"银行建筑专家"的中村与资平设计。该建筑在立面处理上采用的是较为成熟的古典复兴样式，建筑主立面对称、均衡，体现着古典设计原则，中央部位设有六根爱奥尼巨柱式的凹门廊，女儿墙屋檐之上设有小山花，为突出主入口，把主入口上部女儿墙升高，并作三角形山花重檐形檐口，两边设瓶颈状栏杆柱（图 4-16）。墙面在材料上运用了当时在日本本国盛行的面砖，即墙面贴饰白色面砖。在材料上形成了砂浆饰面与面砖饰面的粗细对比（图4-17）。

图 4-16　朝鲜银行奉天支店
图片来源：沈阳建筑大学建筑研究所

同时，瓷砖作为装饰性极强的墙体材料，不仅用于建筑的外立面，以保护外墙体，其丰富的色泽和图案，也被建筑师应用到室内装饰中。1929 年建成的大和宾馆的一

图 4-17　朝鲜银行奉天支店局部
图片来源：沈阳建筑大学建筑研究所

楼大厅的室内墙壁、方柱均利用瓷砖装饰,增强室内的富丽堂皇的艺术效果。从瓷砖在色彩上的发展规律看出建筑师对沈阳地域特色的认识。

沈阳的瓷砖是由日本传入的新的装饰材料,主要在满铁附属地内应用较多,1931年沈阳被日本侵占,所以1931年以后才在沈阳大范围地使用。但从瓷砖在沈阳近代建筑中应用的变化,特别是色彩的变化,会发现发展的特点和规律。首先,在20世纪20年代是白色为主的浅色面砖,在30年代初期,色彩又以黄色为主色调,而到30年代后期则是以红褐色、暖灰色为主(表4-8)。从瓷砖的色彩使用规律中可以推断出瓷砖的颜色发展同日本对沈阳和中国东北的地域文化的认识和适应有着密不可分的关系。沈阳地域寒冷,建筑在砖墙外贴面砖,不仅有利于建筑的保温,同时通过面砖的颜色来调节建筑给人视觉的冷暖观感,充分体现出建筑的适应性改变。

沈阳近代建筑外立面贴面砖建筑列表　　表4-8

建筑名称	建成时间	瓷砖色彩	备注
朝鲜银行奉天支店	1920年	白色瓷砖	砂浆饰面搭配
东洋拓殖株式会社奉天支店	1922年	白色瓷砖	原色水刷石搭配
日本横滨正金银行	1926年	黄色瓷砖	局部仿石材料,顶部水刷石罩面
奉天自动电话交换局	1928年	黄褐色面砖	底层仿石材料,顶部水泥砂浆罩
大和宾馆	1929年	白色瓷砖	局部仿石
奉天警察署	1929年	褐色瓷砖	檐口为水刷石罩面
张振鹭寓所	1930年	白色面砖	—
曹祖堂公馆	1931年	黄色贴面砖	位于老城区
奉天旅馆	1933年	黄褐色面砖	—
南满铁道株式会社	1936年	黄褐色面砖	两侧墙面土黄色涂料
金昌镐公馆	1936年	米黄色瓷砖	花岗石墙裙
云阁电影院	1936年	黄色面砖	—
三井洋行	1937年	深褐色	负一层为灰白色水刷石
奉天市政公署办公楼	1937年	赭石釉面砖	—
日本兴农合作社大楼	不详	赭石色瓷砖	局部采用仿石材料
奉天放送局舍	1938年	暗黄褐面砖	白水刷石饰面勒脚

(2)瓷砖的应用技术

瓷砖作为近代中后期被大量使用的建筑装饰材料,并不是单一颜色的拼贴,而是通过不同但近似颜色和不同粗细纹理的瓷砖拼贴出具有丰富变化的立面效果。

朝鲜银行奉天支店（图4-17）瓷砖虽然均为浅白色，但在1m见方的面积内，白色又可分为至少六种不同色值的白色瓷砖。

奉天市政公所（图4-18）建成于1937年12月，是奉天市的行政中心，由奉天市政公署工务处建筑课设计，日本人施工，褐色外墙砖照面。2001年，为适应办公需求，除塔楼外，建筑整体加建两层。在拆除瓷砖的过程中发现虽然同为褐色外墙面砖，但仔细区分近似的颜色，可达百种。

图 4-18 奉天市政公所
图片来源：沈阳建筑大学建筑研究所

正是这变化丰富的瓷砖颜色，才形成沈阳近代多彩的建筑色彩。瓷砖的贴挂在沈阳主要分为两种（图4-19）：一

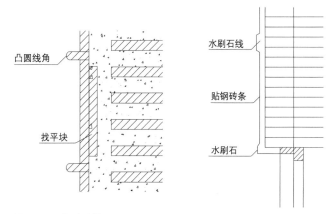

图 4-19 瓷砖贴挂
图片来源：沈阳建筑大学建筑研究所

是砖墙外抹灰贴砖，通过黏合剂的力将瓷砖贴合，这种方式适合小块的瓷砖和条形的钢砖条等；二是通过凸的线脚，内部找平层找平后外挂瓷砖，这种一般用于大块的理石和瓷砖。

总之，瓷砖饰面的使用保护了建筑砖墙，丰富了建筑的色彩，是建筑发展进步的表现，但该材料在沈阳近代建筑的使用局限在满铁附属地范围，主要应用于日本的建筑和较重要的公共建筑之中，所以其发展有局限，并没有大范围地推广使用。

4.4.2 五金件

"五金件"顾名思义是指用于建筑的五金件，是金属经过加工，铸造得到的用于建筑连接、固定、装饰的构件。按作用主要分为三类：材料连接作用，如折页、钉、螺丝等；实现上下水作用，如水龙头、上下水管；具有特殊功能的，如门锁等。"五金件"是近代的新生事物，同其他新兴材料一样，随着西方列强的侵入而引进的，从"洋钉"的称谓中即可看出。沈阳近代建筑的五金件来源主要是西洋货和东洋货。

（1）日本五金件的自主生产

日本东洋五金件是随着洋式建筑在日本各地的兴起而普及的，1877年五金件开始真正作为商品被日本进口。最初的进口钉子是法国制造，之后是英国制造，再后来是德国、澳大利亚制造。1890年，也开始进口美国制造的钉子。日本自产的洋钉（东洋货）于1898年春天在美国技师的指导下开始生产，1912年时已经满足对进口的需求量，并且以第一次世界大战为契机迅速占领本国和殖民地市场。沈阳作为其在中国东北的发展附属地的重要城市，东洋五金件漂洋过海地进入。

（2）洋钉的引入为使用建筑五金件提供了可能

洋钉的传入打破了中国榫卯体系，虽然失去了原来传统建筑柔性连接的一些优点，但大大简化了建造技术，提高了施工效率，减少了建筑成本，同时也降低了对材料规格的要求。

（3）五金件在沈阳近代建筑中的使用与推广

五金件在沈阳近代建筑中的使用与推广主要有以下几个特点：首先，同东洋五金件相比，西洋五金件档次要高，其中以德国质量居榜首，美国以销量取胜。如东北大学在修建时，散热器铁管等均是由上海商行购置的德国黑管；奉天省议会修理房舍和安装锅炉散热器工程时明确指定使用西洋货，以备延年。四先公司修建辽宁省立第一初中学校建筑教室说明书中规定"各门洋锁均用西洋货古铜色者，插销、链钩、合页均用西洋货之品质精良而坚固"[①]；穆继多修建多小公司建筑楼房时"洋式工程前面正门三个，洋锁三把，价在现洋二元左右，其余洋锁十把，用美国原来黑珠洋锁合扇"[②]。其次，五金件价格偏高，以西洋货为最。辽宁纺纱厂修建职员家眷宿舍时，"门锁用白磁疙瘩西洋货，每把约值现大洋一元，外门用西洋黄铜锁，每把约三元"[③]。而在修建东记印刷所（隶属东三省官银号）三层洋式楼房时"第一层正门洋锁，价值现洋六元，其余檐下上下门洋锁每把约三元；吴铁峰建筑楼房工程中采用的是德国五金件，门锁价值现洋5元一把"[④]。而在当时（1930年）辽宁电话局更夫的工资为10元/月，司事30元/月，国内电报每字1角。从中可见，虽然西洋五金件价格较高，更夫的工资每月只相当于两把德国门锁。最后，东洋五金件更适合大众。建筑师对西洋五金件的认可以及西洋五金件在沈阳的市场占有率，在公共建筑和洋房、公馆居住建筑等重要建筑的关键部位倾向于西洋五金件。相比较西洋五金件，东洋五金件相对档次要低一些，在修建的中小学等规模相对较小的建筑中使用东洋五金件的偏多，如沈阳县第一区建筑小学校

---

① 沈阳市政公所 L65—231，沈阳市档案馆藏。
② 沈阳市政公所 L65—231，沈阳市档案馆藏。
③ 辽宁省案馆，民国档案 3289。
④ 沈阳市政公所 L65—2066，沈阳市档案馆藏。

采用的是东洋五金件[①]；辽宁省沈阳县公安局建筑瓦房时采用的五金件是东洋普通下中等的
五金件[②]。

4.5　新型建筑材料的引入特点与影响

4.5.1　开放性引入

沈阳地处中国东北腹地，虽曾是清朝的陪都重镇，但由于位处关外，所以在清朝时期，
其一直保持着传统的施工工艺，自给自足，工匠们主要是通过定期修缮清朝的皇宫陵寝，延
续着传统的工艺和材料。所以没有像我国其他内陆城市一样，随着经济的发展，促进了大众
的民居建筑中的建筑材料或施工工艺有所发展和更新，比如山西的民居大院等。但近代时期，
由于内陆军阀混战，社会局势的不稳定，相比沈阳，奉系军阀发展实业，整顿金融，相对是
处于勃勃生机发展的态势，经济的稳定和发展为新型建筑材料的引入提供了经济保障，统治
者的积极引进心态，通过从上至下的推行模式加快新型建筑材料引入和推广，而为了彰显身
份，吸引商家的百姓和大众通过从下至上的效仿与跟进，保证建筑材料在沈阳的市场和大众
的认可度。这样，新型建筑材料在沈阳呈现"自上而下地引进，自下而上地推广"的开放性
特点。

4.5.2　来源多渠道，销售多途径

近代的沈阳城不同于上海、天津这样的对外开放大都市，这些以西方势力为主的开埠
城市，经济雄厚，新型建筑材料以西方传入为主，并迅速占领原有建筑材料市场，近代建筑
材料转型快速。

沈阳新型建筑材料的来源却是多渠道的。首先，通过中东铁路，由俄国输入。1906 年
盛京时报中报道"俄商赴奉日多：现今俄国商人赴奉天各处交易者甚是众多，百行具备，所
有货物悉由该国发出"，"俄人陆续来奉，日俄战争以前奉省为俄人所永占据之地，故财产
之留在奉省者亦不甚少，因此近来俄大之来往本埠者甚多"。可见，在日俄战争后，俄国商
人并没有离开沈阳这块市场，这也成为进口建筑材料的运输渠道。如广濑木厂销售广告"启
者此次本铺专售毛制砖瓦（洋名罗雷特），该瓦是最新发明，品质坚固，用之房屋万代不朽，
非寻常砖瓦可比，实是建筑顶好材料"。其次，采购西洋建筑材料。如沈阳东北大学修建时

---

① 沈阳市政公所 L65—5226，沈阳市档案馆藏。
② 沈阳市政公所 L65—2970，沈阳市档案馆藏。

采用的德国五金件，是通过上海的商行，采购于德国，又经上海运送到日本，由日本转到营口，后运送到沈阳，走的是海上商业航线，沈阳的建筑材料中也有的直接进口于西方国家。再次，进口于日本。日本将沈阳作为其待发展的区域，成为商人垂涎之地，开拓者的试验场，有些甚至将沈阳作为试验基地，所以，近代沈阳城充斥着东洋货品，这里当然包括建筑材料。最后，自主生产。又分为本国自产和本地自产，如从唐山购买的水泥，需要通过京奉铁路运输，相对成本较高；但本地自产水泥由日本垄断，所以在老城区和商埠地的中国人选购国产品牌居多，促进了民族工业的市场和发展。

新型建筑材料在沈阳的销售渠道也是多样的。其一，各家商行代理。如1923年盛京时报中广告"代理山东国旗牌洋灰，南北满及芝罘①一手贩卖总批发处帝国洋灰贩卖店，其他各种洋灰及建筑材料俱全"。奉天窑业会社代理店打出销售广告"洋灰、地砖、洋灰瓦、洋铁管"。其二，推广除各家商行经销外，主要的渠道是通过承担项目设计和施工的建筑公司，他们将新兴建筑材料通过建筑项目介绍给使用者，如大仓洋行"本所前在日本东京屡包巨工，远近驰名。现设奉天城内西关工程局，内备置一切土木建筑用品，包办工程，价值从廉"②。饭塚工程总局"夙蒙中外仕商诸公青眼相待，前在天津营口等处屡包大工，颇著成效，声誉洽于中外。此次适值督宪改修马路，承办工程久为中外人所共悉也。本局聘有学术兼优之工师并购办土木工程一切材料。凡土木、建筑、测量地址，精绘图式，估计工程，均可承办，并有铁轧砖瓦木石及其余一切建筑材料均属精选上品"。其三，厂家营销。如奉天肇新窑业公司的红砖，生产后销路不畅，工厂通过成立建筑所、包工包料等多种方式，营销新建筑材料。唐山启新马牌水泥，在沈阳成立销售中心，减少中间环节的费用，促进产品的销量。

4.5.3 选择性、适应性引入

近代新型的建筑材料是实现近代建筑技术转型的保障和支持，对于其他对外开放的城市，建筑材料的引入和转型具有同步性和时效性，而沈阳的建筑材料的引入具有选择性和适应性的特点。比如红砖的引入，并没有在很短的时间内大范围内地被采用，而是局限在日本的满铁附属地，沈阳老城区采用的是传统青砖西洋的砌筑方式，从西式砌法的传入到红砖在沈阳老城区的盛行近十年的时间，沈阳对新材料的使用并没有像日本学习西方建筑材料那样近似同步，而是具有选择性，选择最适应沈阳需求的建筑材料。

---

① 芝罘山，靠渤海，在山东省烟台市。
② 据光绪三十二年九月初一日，《盛京时报》。

4.5.4　促进本土材料和技术的优化

随着西方文化的渗透，新型建筑材料的引入，使沈阳传统建筑材料遇到有史以来最大的竞争和压力。但由于进口建筑材料价高、量少，并不能满足急于摆脱百余年封建统治的近代城市建设的工程量需求，这就促进传统的本土材料的优化和技术的创新。如传统青砖在近代并没有被西式红砖完全取代，但为了适应西式的建筑砌筑方式，沈阳传统青砖从原来的370mm×180mm×100mm 尺寸调整为较薄的近似红砖的 260mm×130mm×50mm 尺寸。同时在以砖木结构和砖混结构为主的近代结构体系中，砖墙成为建筑的承重构件，改变了砖墙只起到围护作用的传统结构，传统黏合剂和施工工艺不能保证砖墙的坚固程度，虽然引进近代新兴黏合剂水泥，但水泥造价偏高，所以在砖墙砌筑的时候，砌砖灰泥浆料采用三七灰沙，三成白灰，七成沙子，灌浆到顶，每砌砖一层，灌浆一次。此时的建筑由传统的一层建筑，发展为二三层建筑，为了保证砖墙的稳定性，砖墙的厚度改进为逐层递减，以二层建筑举例，近代常见的施工做法为明台四进砖，到一层三进砖，二层二进砖到顶，以保证砖的承重作用。正是新旧材料的共同使用，促进了传统建筑材料的优化和传统施工技术的改良。

4.5.5　推动新技术的应用和普及

新兴建筑材料的出现，促进了建筑技术的进步和革新。水泥的出现，使混凝土结构成为可能；随着钢材的出现，使钢筋混凝土结构成为可能，甚至出现了钢结构建筑。

沈阳近代新型建筑材料的出现是材料引进的过程，是通过国外或国内其他城市而引入沈阳城的，这不同于先有建筑材料后刺激和促进建筑变革的传统发展模式，而是先有已经掌握先进技术的技术人，需要新型的建筑材料来帮助完成满足新要求的建筑，技术人在中间无形地起到对建筑材料宣传和推广的作用。那么材料的引入为推广新技术提供了可能，特别是新型建筑材料的自主生产，不仅降低了材料的成本，而且使新技术更具有普及和推广的特性。只有建筑材料能够保证产量、控制价格的生产和销售，才能促成市场的良性循环。如果没有可购材料的支持，应用新技术的建筑只能成为城市的个别现象，不能形成时代典型的特征，更不能代表建筑的转型。沈阳新型的建筑材料经历了市场的考验，得到大众的认可，为建筑技术的普及提供了保障，而且它的发展促进了技术的转型，为近代建筑技术发展的重要前提条件和保障。

4.5.6　局限与阻碍

纵观沈阳近代建筑材料的引入与发展，从中可见建筑材料在建筑技术转型中起到的重要推进作用，但是从客观角度分析，如果建筑材料的生产和更新不能满足建筑技术的发展，就会出现制约和阻碍的反作用。市场需求决定竞争力，对建筑材料生产和销售的控制就相当于控制建筑业的半个市场，所以对东北建筑材料市场垂涎欲滴的日本垄断了包括红砖、水泥等重要的建筑材料的生产，这种垄断影响新材料的传播速度和能力，导致沈阳出现满铁附属地同沈阳老城区发展不平衡、不同步的技术状态。满铁附属地早在1910年投入使用的奉天驿火车站，就已经成为红砖建筑的典型代表，而沈阳老城区新式红砖建筑始于1928年的东北大学教学楼。水泥的高价位使得即便是富甲一方的中街商号们，也只能在建筑的关键部位使用混凝土结构。正是对建筑材料生产的垄断，导致新材料、新技术的应用的滞后与不平衡发展。

建筑材料的普及是建筑技术推广的基础，本章通过对近代新兴的建筑材料，红砖、水泥、玻璃以及瓷砖等近代装饰材料在沈阳的引入、推广应用以及发展、自主生产和建筑施工技术等方面的研究，总结出沈阳近代建筑材料与设备的引入特点和对建筑技术的影响。

建筑材料历来是激发建筑革命性变革的重要因素之一。沈阳近代建筑发展迈出的最大一步，莫过于钢筋混凝土的引进与应用。钢筋混凝土技术进入沈阳并不是很早，但发展很快。至20世纪20年代中后期，混凝土建筑迅速普及，大量出现在公共建筑和工业建筑之中，这与近代社会生活对建筑功能和建筑空间的特殊需求，以及政府和日本人对该项技术的强力推进密不可分，从而造就了近代建筑的突破和快速发展。

新材料的出现对沈阳建筑近代化的推进作用。沈阳新型建筑材料的来源多渠道，但新材料的传入并没有像日本学习西方的近似同步发展，而是有选择地将最具适应性的建筑材料引入。

新材料对建筑产业化的推进作用。材料的引入为推广新技术提供了可能，特别是新型建筑材料的自主生产，不仅降低了材料的成本，而且使新技术更具有普及和推广的特性。新型建筑材料的引入，使沈阳传统建筑材料遇到有史以来最大的竞争和压力。这就促进传统的本土材料优化和技术创新。但沈阳近代建筑材料与设备的发展也有消极的一面，那就是垄断发展带来的对技术革新的限制。

第 5 章　近代建筑设备的引入与应用技术

今天我们所谓的建筑设备——水、暖、电及其相关设施，恰恰也是在近代才与建筑形成直接的联系。无疑，这使沈阳人的城市生活发生了质的改变。这一个巨大的跨越来得十分迅速。曾几何时，令今天沈阳人难以置信、甚至觉得可笑的"马拉铁道"正式营运，在当时却成为引起全城轰动的重大事件。然而，仅仅时隔两年城市亮了，自来水进屋了，严寒的冬季不再靠生炉子房间里依然暖洋洋，在这些可能令今人不以为意的变化之中，却体现着巨大的社会进步与建筑业里程碑式的发展。

国外的设备与技术被引进的同时，也在按照当地的具体情况和要求被改进和完善着。电梯出现在公共建筑之中，有轨电车代替了马拉铁道，沈阳也成为国内最早广泛应用煤气的城市之一。特别重要的在于，建筑设备与技术成为沈阳现代工业和工业建筑产生和发展的前提与必备条件。

5.1　电与电气设备

建筑设备的使用是近代建筑技术上的又一突破，与沈阳传统建筑相适应的生活习惯的改变，必然带来建筑设备的引入和革新。而在近代建筑设备的引入过程中，电与电气设备是最先被引入的，并且由于是通过官方引入，所以影响最大，传播最广，普及最快。

5.1.1　沈阳电灯厂的成立

沈阳最早的用电意识是由俄国人传入的，1900 年，沈阳城内已经有很多俄国人，不只是军人，更有具有文明意识的文官，并且随着现代教育制度的引进，人们的精神追求已经发生了很大的变化，这种改变促进了人们对城市风貌的建设，此时，沈阳铺设了简易的碎石路，压路机和洒水车投入使用，随着道路的改变，交通工具也发生了变化，奉天人已不再过那种日出而作，日落而息的生活。

1923 年 8 月奉天市政公所成立，并于 1924 年在德国购买 8 辆电车，开始自主筹划、安设、运营有轨电车，1925 年 10 月完成大西城门经太清宫至小西边门线路的铺轨工程并通车。随后电话、电报、自来水等设施都在沈阳城陆续出现。

奉天电灯厂是官办企业，创始于 1909 年 10 月，由东三省银元总局创办。厂址设在大东边门里银元总局院内锅炉房南面的空地上，占地环周 55m。机组在此处安装，而电灯厂所用锅炉、办公室等，则借用银元局原有设备，定名为"东三省银元总局电灯厂"。1909 年 10 月 15 日开始发电。1910 年 8 月 20 日从银元总局划出，更名为"奉天省电灯厂"，改归奉天行省管辖。1929 年后，称"辽宁省电灯厂"。1911 年添设美国制造的奇异 350kW 发电机一台，专供夜间使用。1915 年 11 月，又添装 1500kW 发电机一台。1916 年经议定，委托该厂工程师美国人巴伯向上海慎昌洋行赊购美国纽约的奇异发电机大小两部。至 1919 年电灯厂已略具规模。

1926 年，经省署批准，在小北边门外筹建电灯新厂，增添 5000kW 发电机一部。为了便于新旧两厂的电力分配，又在新厂以北设变电所一座。1929 年 5 月，新厂机组落成。

《盛京时报》中有对筹备电灯厂的报道："开设电灯铁路之有成议——省城修路之后驻奉总领事磋商决议拟筹集中日商股安设马车铁路并开设电灯公司，刻正令工程师估计工程之际，想自明春而后马路开通履道坦坦马车铁路亦见开通加以电灯照耀夜白画奉省文明景象颇有可观者矣。"从此报道中可以看出沈阳电灯厂的最初筹备是由驻沈阳的总领事们提出，后经中日合办的官办企业，所以，从建立之初，对规模和设备的采用不仅在国内领先，更可堪比欧美其他城市。由当时精于机械制造业的德国西门子电机厂提供设备并由德国工程师指导应用，从 1924 年 5 月 20 日的《盛京时报》中的报道中可见一斑："创办电灯为发达各种工商事业之源，第一须有优良之机器，次则当具确实之预算，两者果能兼备，则其获利之厚实远驾他种实业之上，敝厂在德国设立七十余年，制造各种电气机器供给世界各国久驰盛誉而对于电灯厂尤具有极丰富之经验，不独机器精良可首屈一指，且有德国专学工程师驻奉代为设计如机器宜采用何种资本，应如何运用等，均能就各地情形切实贡献胥有益于创办诸君绝对不为广告式誉扬之语而误——德国西门子电机厂。"

5.1.2 电在建筑中的应用

沈阳电灯厂除保证市政用电外，更向全城供电。所以电与电气设备的设计与应用成为建筑设计与施工的重要组成部分。

1930 年白子敬修建沈阳建筑公馆楼房时，明确规定凡是建筑设备，包括散热器、卫生装置和电气设备，均在施工时预留出安装孔洞或沟槽，并将管道等装置完成，用填塞抹灰等方法将其封好[①]。吴长麟修建的三层洋式楼房，电灯均装暗线，承包人只需装出电线头，后

---

① 档案记载："凡散热器卫生装置及电气设备等应用之孔安沟槽，建筑承造人当建筑时须预先留出备用，是将管子等装置完竣，即行填塞抹灰其做法须照建筑师指示办理。"

期安装灯泡由业主自己负责，但在施工前业主会确定灯头的数量，"电灯均装暗线，承包人只管装出线头至于按泡子接火则归业主或租户自理限灯头不得过五十个"。1929 年修建的南洋钟表行更是细致地对安装电灯的股线圆圈的尺寸明确规定，选择的出发点不仅是用电的安全，同时考虑美观："安装电灯之需俱作成 1.8 尺起股线元圈，最雅观为合格。"可见，此时的建筑电气与设备已经同现代的施工近似，从目前搜集的民国档案图纸中，只有少量的建筑图纸如沈阳疗养院等大型的公共建筑设计中会配置相关的图纸，其他均没有对其明确的标识，所以推断在沈阳近代时期，电气的施工以有经验的工人依照以往的经验施工为主，而且电气设备是否由包工包料的承包商承担，需要事先明确。

近代时期，电气设备大多依靠出去采购，1922 年《盛京时报》中有一则记载："收买灯泡，某洋行近因灯泡厂往购大宗灯泡已致求过于供，乃派专员分赴上海滨江及日本广岛购运，闻上海滨江两处尚未够到,惟由日本购得少数往来川资已用去金票五百元,其他可知矣"。从一个侧面反映了沈阳近代建筑市场的设备的引入渠道，当时许多洋行销售境外的高质量设备，德国西门子电器在沈阳设立分公司，可见建筑市场的繁盛。

5.2　取暖设施

5.2.1　沈阳传统的取暖设施

沈阳冬季漫长而寒冷，所以取暖设施在建筑中尤为重要。火炕以砖或土坯砌筑，高约60cm，火炕有不同的做法，按照炕洞来区分，可分为长洞式、横洞式、花洞式三种。炕洞一端与灶台相连，一端与山墙外的烟囱相连，形成回旋式烟道，炕上以草泥抹面，铺苇席炕褥等。灶台做饭时，烟道余热可得到充分利用，加热炕的表面。

大多建筑中的地面或土筑或砖砌，与房子外面的地面齐平，甚至还要低一些，在设计房屋的时候就考虑到了能源的节约问题。室内一头，建有一个部分隔开的小厨房。其中有一个火炉，上面架着一口大锅，下面是焚烧谷物秆的灶坑，燃烧产生的烟气通过火炉后面的烟道进入炕下，产生的热量再传到炕的表面，形成能够维持数小时的适宜温度。

低矮的房间、裸露的屋架、纸糊的窗户、无措施的排水以及冬季并不新鲜的空气，这些对已经进入工业时代的殖民者来说是无法接受的，所以当西方文明进入时，全新的建筑设备也随之进入沈阳。

5.2.2　全新取暖设施的引入

由于传统的取暖设施单一，所以到近代，沈阳出现了多种取暖设施，可以说是东西方结合。主要有集中供热的锅炉与散热片、分散供热设施的西式壁炉、俄式（经日本改良）的"撒拉沓"。

5.2.1.1 集中供热

（1）散热器的使用

散热器供暖设施是在近代时期进入沈阳并且迅速得到认可和推崇的一种供暖方式。沈阳盛京施医院是最早使用散热器供暖的建筑之一，此时的设备采购是从营口运输而来；1929年修建东北大学，采用的散热器铁管是委托基瑞公司购置的德国黑铁管；而在《盛京时报》报刊的广告中，更是有众多的散热器代理商。此时，散热器在沈阳已经是普遍采用的取暖设施。

盛京施医院安置散热器时，散热器管是外露地平表面安设的，从1928年东三省官银号的建筑说明书中"南北两排屋内基下加修散热器管之总沟通两段梁，按前有之气管平线沟内净三尺，三尺上用铁筋洋灰顶盖预备日后接总散热器用计长三十米达"，可以知道此时的散热器设施的管道是藏在地面的，也由此可见设备技术的进步。

1928年辽宁农矿厅安设的散热器采用的是低压蒸汽管子及回水管装设法，并将锅炉置于地窖子内。锅炉用中国制造以英国铁板承做仿西洋式计直径4尺8寸长12尺，锅炉皮厚3分，锅心厚4分左右，过水管锅炉前后脸厚4分，内有拉板气包气码及玻璃等进水门及放水门设备。楼房及瓦房所用放热炉片均用中国制造美国式32寸高两柱498片。为开关便利，各组散热器炉均安镀镍截气门一个及镀金乐锁丝弯头一个，冷风门一个。所用散热器管均用黑铁管安装，蒸气管及回水管均设地沟内，将管子做竣均缠草绳外抹石棉灰一层，为防天寒热度损失，所有地沟内管设有存水压气盒一份，用来防气力不能串回。所装散热器管子均安明管，反水不能发生响声。通各处管子，均安适宜炉片，气包及明管子刷银粉两次。楼房及瓦房各室内保18℃。从辽宁农矿厅安设的散热器的施工做法中可以推断出此时的建筑设备施工纯熟，考虑周全，已经具备现代建筑的施工技术水平。

（2）烟囱的修建技术

作为近代散热器供暖的必要装备，烟囱无论是从砌筑方式还是材料要求上来说都是近代的新鲜事物，对工人的施工技术有较高的要求。

烟囱可以用石造、砖造、混凝土造或者钢筋混凝土造。但是，独立的烟囱最好用铁板建造。在砖造或者石造的烟囱的内部插入瓦管之类，它的被覆盖厚度要在10cm以上。对于在住房安装的、供营业使用的烟囱，它的高度要比建筑物的高度高6m以上，其他地方的烟囱要比房根与地面接触的部分高1m以上。对于高度超过16m的独立烟囱，用铁造或者用钢筋混凝土造，必须要修筑支线结构。对于砖造或者石造的烟囱，在小屋子或者炕里等露出的部分涂上砂浆，并且与可燃性材料保持 10cm 以上的间隔。金属制或者石棉制造的烟囱管道要与木材等其他可燃性材料保持 40cm 以上的间隔。

烟囱要求采用防火砖，内设置火泥管，但会根据具体的情况设定烟囱的高度，公济平市钱号炉房大烟囱内面由火门起高 5m 以内砌 16.65cm 厚的火砖，以火泥砌造其上，各叠砖墙架子须用两面架砌垒以保证坚固。白子敬公馆中央散热器所用的烟囱内径 15cm 见方，内面砌一进火砖 66.67cm 高（自暖气锅炉接连需向下约 10cm 起往上算），带 19.98cm 直径的火泥管。其中烟囱的内径由散热器供应的建筑个数以及面积大小决定，东记印刷所烟囱工程设在地窖子内，原计划应用在该楼内，后因其他楼宇亦与该烟囱通用散热器，原来的烟囱不符散热器使用，所以后期更改加大高度。

基督教神学校地窖子烟囱 50cm 见方，别的烟囱 33.33cm 见方，用麻刀白灰抹在里面，所有过木要远离烟囱地窖子，烟囱不要抹灰，要用洋灰勾缝。

1922 年奉天纺纱厂修筑的散热器锅炉房，洋灰铁筋烟囱一座，由地平线掘深 3.33m，宽长各 6.5m，灌洋灰三合土 66cm 高，次第收缩宽长各 5.16m，高 66cm，灌洋灰三合土八角形暗台一座，下面对角线长 4.33m，上面对角线长 3.83m 高 2m。八角形明台高 0.33m，对角线 3.83m。八角形底座高 5m，对角线 3.5m。烟囱内由地平面上 1.67m 起砌耐火砖一进，砖高 10m，耐火砖与洋灰墙之距离为 10cm，储藏空气之用，每 2.5m 高将耐火砖一块砌入墙内，每块中间距离为该圆 1/6，最上层砌入墙内，其横距离同上。由地平面上至烟口的中心高 3.67m，烟口为圆形，直径为 1.67m。灰门高 1.67m 宽 1m，铁筋在地基下层先筑一三六洋灰，三合土 16.7cm 上面须绝对水平，然后平铺 2cm 方竹节铁筋三层，每铁筋的距离为 33.33cm，每铁筋接触俱以 20 号铅铁线扎固。

由地基铁筋起竖立铁筋内外两层均为 2cm 方竹节铁筋。每根之圆周距离 33.33cm，其距离渐次缩小至底座，顶面外层铁筋向内弯曲，其距离大于 33.33cm 截断，从此升高至 10m 内铁筋截断，每头固定连外铁筋之上，外铁筋直达烟囱顶点为止，距顶点下 66.67cm 筑洋灰铁筋边檐四层，内筑三角形铁筋一周，距此檐下 83.33cm 处改筑小檐一周。地基及暗台内外横铁筋俱各 6.35mm 圆铁筋内外两层横铁筋上下距离各 33.33cm。由明台至顶点外层用 6.35mm 圆横铁筋距离为 20cm 内面，横铁筋距离为 33.33cm，每距离 66.67cm，内外两层铁筋用 1.33cm 铁筋连接一次，凡铁筋相接触的点，俱用 20 号双根铅铁线扎固。

烟囱底座墙的中部砌入 3.33cm 铁管 4 根，由耐火砖之顶点底面洋灰墙砌入 3.33cm 铁管 4 根，每铁管的距离为圆周 1/4。同时需要安设白金避雷针一具由烟囱顶点高出 1.33m，装入烟囱墙内，其线由顶点深入地下水面为止，埋铜板两块带绝缘体磁壶的螺丝棒，每距 1m 砌入烟囱之外面，固定避雷针线。

暗台及地基均用龙牌水泥，其配分为水泥一成，干净无土细沙三成，清水洗净 6.67cm 以内石子六成，明台用马牌水泥其配分为水泥一成，干净无土细沙二成，清水洗净 5cm 以内石子四成，其水分务须适宜，明台以上石子须用 3.33cm 以下。

暗台内空处垫土 2m，由明台至烟囱顶点筑明铁梯一具，高 25m 共为 75 步，宽为 50cm 距离，梯凳 16.67cm，3.33cm 圆铁梯框用 5cm 宽 1cm 厚的方铁条。

锅炉与烟囱技术的纯熟是保证散热器供暖设施在沈阳广泛使用的前提，特别是钢筋、混凝土材料的引入，更加促进了建筑设备的配套发展。

（3）锅炉的自主生产

清末，沈阳开始出现大型官营企业，其后，各类官营、民营企业一天天增多。随着机械修理业、建筑业的发展，同时也带动了与之配套的铁工业的发展。沈阳附近的鞍山、本溪蕴藏着丰富的铁矿资源，抚顺、阜新则蕴藏着丰富的煤炭资源，这些为沈阳的铁工业发展提供了得天独厚的自然条件。到了 19 世纪 20 年代，已经有大小铁工厂三四十家，其中最大的是官营东北大学铁工厂，其次就是朱子明创办的大亨铁工厂。

1915 年，华北机器厂在沈阳创办，产品中有铸铁锅炉，这是沈阳最早生产锅炉的工厂。

1923 年秋，朱子明为创办大亨铁工厂筹集到股金 41.5 万元的奉票，这与他原计划资本 160 万元尚有很大差距。但是为了早日开工盈利，他在选购大东边门外 177 亩土地为厂址后，于 1924 年秋开始动工兴建厂房、办公楼等。12 月草创成型的工厂开工，当时仅有工人 200 余人。1926 年大亨铁工厂筹足原计划的资本 160 万元，工人增加到 380 人，产值也在增加，可以说，经过三年草创，大亨铁工厂此时已经具有相当实力。

1927 年大亨铁工厂进入发展时期，同年春，筹建酸素厂（氧气厂）、铸铁厂，1928 年厂房完工后，开始安装设备，8 月工厂投产。1929 年着手扩建铸铁厂，准备将其建成"水管、铁路车辆、铁桥、散热器、锅炉、起重机及一切工作机械均能制造"的工厂。设备原材料的自主生产是其推广使用的基本保证。

5.2.1.2　分散式供热

（1）西式壁炉

西式壁炉随着西方传教士的到来而传入，早在司督阁于沈阳购买到宅院，就在院墙内改建建筑，安设西式壁炉。壁炉的传入解决了沈阳传统的依靠炕和火墙取暖的方式，不仅美观，而且提供了更为宽敞的空间。同时壁炉通过辐射、传导、对流三种传热方式，形成冷热空气的对流，调节室内外的干湿度，所以壁炉舒适快速的取暖方式得到认可，并在沈阳迅速传播。

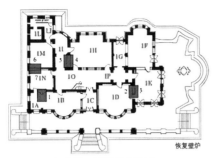

图 5-1　大青楼一层壁炉位置图

图片来源：作者临摹于沈阳市档案馆藏图

图 5-2　大青楼二层壁炉位置图

图片来源：作者临摹于沈阳市档案馆藏图

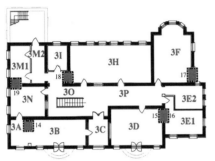

图 5-3　大青楼一层壁炉位置图

图片来源：作者临摹于沈阳市档案馆藏图

在 20 世纪二三十年代兴建的官邸中加设壁炉是很时尚、很流行的做法，大青楼中共有五处烟道，壁炉的构造开口均在距地面 400m 以下（图 5-1 ~ 图 5-3）。

（2）撒拉沓

国外的设备与技术被引进的同时，也在按照当地的具体情况和要求被改进和完善着。由日本人设计的满铁社宅为了适应沈阳寒冷的气候，创造性地将俄国人使用的一种叫作"撒拉沓"的供热方式加以改造（图5-4），在几个相邻房间共同的屋角处设一个圆柱形的壁炉，一炉可以同时为几个房间供暖，既节能又有效地减少了对房间的污染程度，进而被推广到各类公共建筑之中，此后集中供热方式又进入家庭建筑之中。

图 5-4　"撒拉沓"供热方式

图片来源：根据《日本近代渡海的建筑家》整理

5.3 给水排水设施

5.3.1 给水设施

1898 年，沙俄在浑河左岸建造直径 5.67m，深 5.3m 的自来水井，这是沈阳最早的自来水井。

当时属于满铁附属地的千代田公园内建了一口自来水井，井径 9m，深 10m，配水塔一座（图 5-5）。1915 年，奉天驿附近开始供应自来水，这是沈阳最早使用自来水。

千代田公园（中山公园）内的水塔是千代田水源的组成部分，1928 年设计改建（图 5-6）。容积 1200m³，占地面积 160m²，建筑面积 380m²，为钢筋混凝土结构圆筒式建筑，单一灰白色，塔高 53.55m。建成后的水塔可以向附属地的 5 万日本居民供水。中华人民共和国成立后废止停用。此外，沈阳还有多处水塔。

图 5-5　奉天第一座给水塔
图片来源：沈阳建筑大学建筑研究所

图 5-6　1928 年改建后的水塔
图片来源：沈阳建筑大学建筑研究所

5.3.2 排水设施与技术发展

沈阳城区最早的排水设施是明末清初皇太极改建沈阳城时修建的"七十二地煞"与护城河，清末民初又修建了一些排水暗沟。随着历史的发展，这些早期排水设施都逐渐淹没在不断扩展的城市建设中。

近代时期，沈阳的排水设施是根据管理政权的不同，形成"附属地、商埠地、铁西区和老城区"四个板块。由于互不相通，自成体系的排水管网配套不齐，质量优劣不等，故而没有在全市形成统一的市政给排水网。按形成时间的先后分为：老城区排水网、"满铁附属地"排水网、商埠地排水网和铁西工业区排水网。

（1）老城区排水网

沈阳老城区排水设施最早形成于 1627—1631 年间皇太极重建沈阳城时。当时老城里挖了许多用于汇集雨水、污水的暗坑，并用暗沟将其联络与护城河相通。这是沈阳最早的排水设施。随着城内人口增加，外城修建，这些渗水暗沟和护城河逐渐被淹没，取而代之的是顺地势、沿街巷挖一些排水明沟，将雨污水直接排到城外大沟子或沼泽。

清末民初，城里修建了一些砖砌排水暗沟，大多集中在四平街（今中街）和官衙、士绅宅院周围。据奉天市政公所 1923 年 8 月，"清摺暗沟说明"中记载，最早的砖砌暗沟建于 1910 年（清宣统二年），由五斗居分所门前，顺大西关大街南侧，向西至大西边门外止，长约 1000m，宽 0.8m，深 1.3m 砖墙起旋柴盖。1913—1922 年，城内先后新建了巨合胡同到大南门里等 48 条暗沟，总长 13261m。1926 年开始在小北关马路下铺设水泥下水管，第二年在大东门至清云寺胡同修筑了 580 多米的水泥下水管道。到 1931 年，老城区的排水网络初步形成。

沈阳老城区排水网络规模较小，各渠道的终点多散布在城区内的水泡子，没有统一通往城外的排水干渠，完全靠地势高低自然导流，没有机械、电力排水设施，居住在蓄水坑周围的住户在汛期饱受水害。

（2）"满铁附属地"排水网

由于沈阳老城区地势高，而满铁附属地地势低洼，所以在满铁对附属地基础建设之初，就非常重视排水设施的建设。

到 20 世纪年代的中期，自成体系的"满铁附属地"排水网络已经形成，这些排水设施的建成使用，改变了以前雨水滞积的忧患和卫生条件。

（3）商埠地排水网

在满铁附属地排水网建设的同时，商埠地也进行了排水管道的建设，1908 年，在日本领事馆西侧修建了一条长 44.5m，宽 0.6m，深 1.5m，条石封盖的排水暗沟，之后废除。1909 年，从法国领事馆到大西关大什字街修了一条暗沟。1913 年，中、日在协和大街修了一条北起浪速通，南到南四条通的雨水明渠。1925 年，修建了二纬路和浩然里等街道的排水暗沟，全长 3135m，有渗井 19 眼，沉淀井 42 个。

商埠地的排水管道随道路同时修建，一般建于 20 世纪的前 30 年，因外国人在商埠地享有特权，对这里的市政规划建设多有干涉，故排水网的建设缺乏系统性，衔接配套能力低。

（4）铁西工业区排水网

"九一八"事变后，日本侵略者出于长期统治东北进而吞并中国的目的，在"满铁附属地"以西开辟了铁西工业区，从 1934 年开始，日本人陆续修建了保工暗渠和建设大路部分区段的排水管道。《奉天都邑计划》实施以后，于 1940 年开掘了奖工明渠，长 7095m，宽 25m；修建了肇工明渠，全长 7832m，宽 20m。此外，还修建了一些工厂排污和主要街道的排水管渠，到 1945 年铁西区已形成了一个规模超过"附属地"、商埠地和老城区，污、雨水排放并重的新型排水网。

5.3.2.1　建筑排水设施

沈阳传统建筑是无组织排水，到近代有组织排水传入沈阳。辽宁公济平市钱号的下水管工程全部下水管均用 26 号白铅铁敲成 16.67cm 径的圆管子水斗，用 24 号白铅铁充作敲出线脚，管箍用热铁做成每 1m 一道，上口须加铅丝圆球一只，以防落叶等杂质冲入管内，各管之多少按能排溅全部屋顶的雨水为度，唯前脸用暗管子，用 13.33cm 的瓦管充作。但在工程中建筑设备的购买和安装都分离于建筑项目的承包商而独立存在。在工程任务书中会明确注明"本工程除去门窗、五金、铁筋、散热器、卫生工程、电灯工程不在包价之内，承包人按照说明书及图样，各工料价承包人应详细计算载明于工料详细计算表内"。

5.4　煤气在沈阳的使用和生产

1922 年 5 月，日本开始在沈阳建设"奉天瓦斯作业所"，其目的是为日本人的饮食、照明、取暖和部分军工企业服务。1923 年 12 月 28 日建成 9 孔水平贯通式煤气发生炉三座、机械师一座、容积 5700m³ 的煤气贮罐一座、烟囱一座、上煤机一台、排焦装煤机一台，"奉天瓦斯作业所"开始营业（图 5-7），1924 年，经南两洞桥至"满洲制糖株式会社"的煤气管道贯通，煤气通往铁西。1925 年和 1937 年曾分别并入"南满洲瓦斯株式会社"和"满洲瓦斯株式会社"，成为下属的奉天支店（图 5-8）。1928 年增建 9 孔水平式煤气发生炉二座，与前已经建成的三座，组合为一个炉室。1931 年将已经建成的 5 座 9 孔水平式煤气发生炉，陆续改建为 12 个孔。1933 年日本关东厅以 24 号令公布《瓦斯事业规则》。1939 年"康德计量器株式会社"正式成立，资本 50 万元，共 1 万股，全部股份中"满洲瓦斯株式会社"40%，"品川制作所"和"金门商会"各 30%。营业范围主要为煤气表制作、修理和销售。到 1945 年 8 月，

图 5-7　1923 年成立的奉天瓦斯作业所
图片来源：沈阳建筑大学建筑研究所

图 5-8　1925 年成立的瓦斯株式会社
图片来源：沈阳建筑大学建筑研究所

共建成了水平式煤气发生炉共 32 座，煤气精制室 2 座，湿式煤气贮罐 3 座，供气范围主要是在满铁附属地和铁西工业区。1944 年在小河沿西南部开始筹建万泉营业所和煤气贮罐，煤气罐基础已没入南运河河底。1945 年，开始建设皇姑屯营业所和皇姑屯煤气罐。8 月日本投降后，"满洲瓦斯株式会社奉天支社"停产。以原社长大坪清人为首的"奉天支社"职工待命接收，为维持个人生计，自发组成"临时瓦斯事业维持会"。同年，国民党沈阳市政府公用局成立，接管沈阳市煤气供应。1946 年，国民党公用局制定"瓦斯工厂复工计划书"，目标是日产煤气 1.5 万 m³，供应 1 万户。从中，可见沈阳当时的煤气供应量。

沈阳最初的煤气为管道煤气供应，由于当时煤气用户较少，供气范围小，煤气供应采取低压管网一级供气方式。低压管网一级供气方式是指气源厂产出的煤气直接排入贮气罐中，然后利用贮气罐的自身压力向市街管网输送，直接供应给用户使用。1936 年，为向市街高峰供气作补充，建成第一座"高压室"（实为中压加压站）和第一座中压调压器。这样，开始形成以低压为主、中压高峰调节的中低压两级管网供气方式，以解决离气源相对较远地区的用户需求。

建筑设备的引入与应用，对近代沈阳的城市化进程具有重大的作用和意义，它一方面促进了建筑的现代化转型，另一方面也改变了沈阳传统的生活方式。对于地处寒地的沈阳，建筑设备的引入改善了人们的生活环境，供暖、通风等技术改善室内空气质量，对人们的身体健康具有较大的益处。技术的推广好似双刃剑，在推动人们生活改变的同时，也将城市带入快速发展的轨道中，并开启与科技环境的现代博弈。

第 6 章 沈阳近代建筑技术传播与发展的特点

任何文化都是在不断变化中发展的，而引起这种变化的因素很多，"发现和发明是一切文化变迁的根本源泉，它们可以在一个社会的内部产生也可以在外部产生"①，建筑技术作为组成建筑文化的重要分支，也必然符合文化传播的规律。沈阳近代建筑技术传播的要素源泉来自资本主义社会，而近代建筑技术的传播过程也是将所借取的文化因素融入自己固有的文化之中的过程，即从创造点传递扩散到接受点的过程，更是一个从被动吸收向主动选择转变的过程。

6.1 沈阳近代建筑技术的传播特点

6.1.1 传播的单向主导性

文化传播主体和客体之间彼此相互影响和交流，因此传播是一个双向影响的过程。但是，在文化传播的过程中，有所谓优势扩散理论，可以理解为文化传播扩散的能力同文明程度的高低有着直接的关系，即越是文化程度高的一方在传播的过程中越容易扩散，体现出更强的生命力和传播力，具有传播优势。

在沈阳近代建筑技术的发展演变过程中，以西方现代建筑技术体系为发展基础的外来技术影响着长期传承的中国传统建筑技术体系，并且在内外因素的相互作用下，落后的沈阳近代传统的建筑技术逐渐接近或转换为现代建筑技术，形成具有自身特性的近代建筑技术体系。因此，在这个传播过程中存在以西方现代建筑技术为主导的单向流动性。

沈阳近代建筑技术的发展是在"文化交流逆差"的窘境和压力下进行的，"逆差"，在文化交流中意味着异文化传入的数量和质量，这种"逆差"是在经济、政治、科技等多因素的背景下而形成的，然后作用于传播和交流。

作为器物层面的建筑，必然是为社会的上层建筑服务的，近代西欧资本主义体制在长期封建统治的中国面前是具有绝对优势的，而技术作为社会发展的动力，将注定这是以西方建筑技术传播为主导的单向传播。

---

① C.恩伯，M.恩伯.文化的变异：现代文化人类学通论[M].沈阳：辽宁人民出版社，1988.

6.1.2　传播的多样性与活跃性

沈阳近代建筑技术的传播不是以单一的模式发展，而是在技术转移、技术引进、技术扩散等多种模式的共同作用下完成；多种模式又不是以一种单一的组合方式发展，而是在发展的不同阶段明显地体现出某种模式的主导作用。转移、引进、扩散是从不同的立足点出发，从不同的角度反映技术传播的不同侧面，它们彼此之间相互涵盖和影响，促成了技术传播的活跃性和多样性。

《世界经济百科全书》提出，技术转移是指构成技术的三要素：人、物、信息的转移。技术转移主要是指技术（知识）由技术供方向技术受方的空间上的运动过程，这一过程的传播程度主要在于技术供方或技术资源国，即传播者。沈阳近代早期，即从1858年营口开埠西方传教士最先进入沈阳城到1911年清王朝覆灭，建筑技术传播是通过西方传教士口传以及借日俄修建铁路而引入的西方建筑技术转移为主导的传播模式。当然，在这种模式下促进了沈阳本土工匠的技术创新和扩散。

对于技术引进，孙秋昌教授早在1987年就提出相关概念："技术引进是加速技术传播以消除双方之间的技术势差的手段。"并认为技术引进的三个必要条件是充分传授、充分吸收和充分掌握。这种引进主要是通过两种渠道进入沈阳的：其一，辛亥革命后，奉系军阀统治沈阳，特别是第二次直奉战争后，张氏父子的重心在稳固和发展东三省的经济、文化上，对于首府沈阳城更是大力促进和发展。在奉系军阀的努力下，一系列新建筑、新工艺、新材料引入沈阳。如东三省兵工厂，不仅在军工制造业上引进欧洲的先进技术，而且在建筑工厂厂房的设计和施工中，也是引进国外新型的建筑材料和先进的结构形式；东北大学的设计和施工更是促进了红砖建筑在沈阳老城区的推广和发展，建筑设备则是引进德国制造的供暖设施和卫生器具。随着我国第一批留学国外学习建筑的建筑师回国，他们将正规学习的欧美建筑技术引进中国，此时正具有勃勃生机的沈阳城得到了归国建筑师们的青睐，在沈阳开垦和拓展他们的事业，在技术引进的同时，形成了技术创新扩散的源泉和基础。其二，日俄战争后，日本成立满铁附属地，在大规模开发和建设的同时，日本引入大量的建筑设计师和施工人员，同时为了缓解本国人口压力，更为了接下来的侵略阴谋，大量日本移民和考察团进入沈阳，这样日本本国传习欧美的建筑技术被引进沈阳，成为沈阳近代建筑技术的创新扩散的又一重要分支。

技术扩散是指技术在传播接受方内部的传播过程，并且是与技术创新密不可分的，通过一定的传播渠道在潜在使用者之间的传播、采用和适应推广的过程，因此又被称为"技术创新扩散"。沈阳近代建筑技术的创新扩散也主要体现在两个方面：一是，中国工匠将西方建筑技术的本土化。如利用传统建筑材料——青砖砌筑西方建筑的拱券、尖塔等样式的施工做法；利用板条结合青灰实现西方建筑的"飞扶壁"等建筑构件。二是，外来建筑技术本土适应性的创新扩散。如俄国修建的火车站通过建筑构件实现地方文化的融合；日本建筑进入沈阳之后在防寒的技术处理以及建筑装饰中融入地方做法，等等。

技术传播与技术的发生、发展是相伴相生的，技术的传播活动同技术史一样古老悠久，通过对其传播模式的研究能够帮助我们认清技术史的发展规律。沈阳近代建筑技术的发展就是在这些多种模式互相影响、互相交融的作用下蓬勃发展起来的。

6.1.3 传播过程的特殊性

传播是伴随着人类的出现而一直存在的，近代时期成为技术史研究关注点的重要原因之一就在于技术传播过程的创新性，它同中国古代技术的传播有着明显的不同。

其一，传播的主体对象不同。在中国古代无论何种技术传播形式，其对象主体都是平民，而在近代对建筑技术的传播起关键性作用的，无论是西方传教士、国外的建筑师或工程师，还是本土的建筑师，都是受过良好高等教育的人才，本土工匠也是随着建筑技术的传播，优胜劣汰，掌握良好专业技能的专门人才才得以生存和发展。

其二，传播的正规化。技术传播的正规化体现在学校化、专业著作的兴起、规模化发展等几个方面。我国早在隋唐时期，技术的传播就已经达到世界领先水平，如建立了完善的管理机构，进行正规的教学与训练等；唐代对技术传播的重视，更是影响到宋、元、明时期社会的发展。随着明代科举制的推行，人们的价值观倾向科举做官，技术执业者地位低下，技术的传播也相应减弱，无论是传播力度还是广度都开始明显地收缩，而技术传播受阻又影响了生产力的发展和变化，技术的传播逐渐萎缩到家族内部的世代沿袭。近代时期，原来那种没有质的突破的陈旧生产力被推翻，新的生产力和生产关系迫切需要技术人才，国外先进的建筑技术被引入，并且成立了传习技术的专科院校，沈阳更是成立了东北最高学府东北大学，并在梁思成先生的带领下创办了建筑系。同时国外的教材和资讯也被源源不断地引入，形成沈阳近代建筑技术传播的重要渠道。上层建筑更是相应地成立了奉天市政公所建筑课等管理机构，通过制定和建立一系列关于建筑市场的执业、投标、竞标等法律法规，促成了沈阳近代建筑技术传播的正规化、专业化发展。

其三，传播的范围和影响程度。中国古代的技术传播深受地域的局限，沈阳的传统建筑技术主要是受到河北、山西一带的移民影响。近代，随着对外国门的打开以及内部铁路的修建，使传播变得容易而且频繁，特别是沈阳位于关内外的重要交通要道。《盛京时报》中记载"某洋行因电灯厂购置大量灯泡，已致求过于供，乃派专员分赴上海、滨江及日本广为购运。闻上海、滨江两处尚未购到，惟由日本购得少数"①。又如"哈尔滨青年会基督教青年会，美国学生（男女）一行二十名，因散放暑假，于昨（二十五日）早由哈来奉，旋即换乘安奉车，前往日本横滨，以便转乘出洋轮船归国云"。②可见，近代沈阳成为东三省重要的交通枢纽，特殊的地理环境，为其带来了快速的经济增长，同时使影响沈阳近代建筑技术的传播范围更加广阔。

中国古代建筑技术的传播是在原有木结构体系下逐渐完善和发展的过程，而沈阳近代建筑技术的发展却是一个逐步蜕变和置换的过程，随着传播的频繁和程度的加大，沈阳的近代建筑技术最终与世界接轨，共同成为现代建筑技术体系下的组成部分，其中伴随着新的建筑文化的滋生和传统建筑文化的更替，所以其建筑传播的影响更加深远。

6.1.4　技术的传承与转移

沈阳近代建筑技术的传播根据主体不同，外来技术向介入主体（即沈阳）传递的过程大致可以分为"外来传播"和"本土传播"两步，其中，外来传播就是传入传播，是外来技术向介入主体的传入阶段，这个阶段，主要的传播者是外来技术的传播个体或机构，如我们前文提到的西方传教士，但这种传播能否介入主体，并得到融合或者被吸收、改造，就取决于沈阳文化的"维模功能"影响下的本土传播。所谓的本土传播就是技术传播中外来技术本土化的阶段，这个阶段的传播者主要是介入体中有机会接触外来技术，并且将外来技术地域化的群体，如本土建筑师或工匠，所以在传播的过程中将出现本土建筑技术的传承和转移，外来技术的选择并不一定与传播国同步或顺延，而是具有选择性，它有可能是滞后的，也有可能是先进的，但它一定是适合的。

从技术传播的过程分析，可将分为两个脉络分支："显性传播"和"隐性传播"③，这两者之间的交叠和互动共同构成了整个技术传播体系。从技术传播的主体内容来看，技术传播常常表现为后者是前者的提升，体现先进的适应性。这就是所谓的"显性传播"。而"隐性技术"传播则更多涉及传播主体的价值体系、社会制度和人们的行为模式的相互作用。从隐性技术传播到显性技术传播的过程可以认为是传播主体（双方）的主动过程，相反从显性技术传播到隐性技术传播则是传播主体（受方）的被动过程。

随着封建制度的瓦解和废除，人们摆脱了严格的等级制度约束，商家开始努力地思考赚钱的方式，于是城市市政设施建设为其提供了可能，比如城市路灯的引入，使人们晚上也

---

① 民国十一年十二月《盛京时报》。
② 民国十二年七月二十七日《盛京时报》。
③ 借用文化人类学"文化接触"和"变容理论"。

可以走出家门，这为商家提供了更长的营业时间，而人们开始喜欢聚集、交流，这就对交流场所有了强烈的欲望，大空间和多功能的建筑空间有了市场，西方建筑技术可以实现和满足这些需求，因此隐性的技术传播促成了大家能直观看到的显性建筑技术传播。城市开始出现功能的分化，如医院、学校、银行、邮局、别墅等，这些建筑类型的需求又进一步促进了技术的传播。如大空间的创造为实现机械化生产提供了可能，工厂取代了传统的作坊，经济迅速发展，而经济的发展又为新技术的引入提供了基础和条件，这样隐性和显性技术传播相辅相成，使近代技术传播顺利进行，但当这两者出现矛盾和问题时，传播就会停滞甚至倒退。

6.2 沈阳近代建筑技术的发展特点

6.2.1 沈阳近代建筑技术发展规律性特征

6.2.1.1 "板块式区域性"发展

沈阳近代建筑技术的发展无论是建筑结构体系的发展、材料的引入与自主生产或者是建筑设备的引入都存在着一个共同的现象——"板块式的区域性发展"特征。这一点是沈阳区别于其他城市的特殊之处。由于沈阳近代城市呈现为"板块式"格局，不同板块区域的产生基于各自的历史与政治背景。又由于近代沈阳不同于中国大部分地区所呈现出的西方列强势力长驱直入不可阻挡之势，而是以奉系为代表的地方势力和以日本为主体的外来势力呈势均力敌之势，各自占据自己的势力板块，互不相让又互不交往，各板块之间相对闭锁，同处沈阳城内不同板块中的建筑则呈现出不同的情况。这是由于建筑引入人的眼光与设计手法不同和使用人的需求与价值观的不同所致。

由于沈阳近代处于多种势力范围的控制之下，彼此之间相对独立并因为执政背景的不同而呈现不同的发展状态，故而不同的行政划分区域呈现不同的传播模式。比如，满铁附属地作为日本人独占的领地，无论是中国人或西洋人都受到严格排挤，那里的建筑完全是按照日本人的需要和口味引进与设计的。在沈阳的满铁附属地，是成熟技术和体系的直接应用，整个过程由日本的建筑师和施工技术人控制，中国工匠在实践中"偷师学艺"。商埠地则是多元势力的地盘，由欧美设计师和使用者按照他们的习惯与需求直接从本国引进建筑类型与技术。而沈阳的老城区经历了传入、认可、学习、模仿、应用、推广等整个事物传播的全过程，这个过程以西方传教士为发端，以本土建筑师和工匠为主导；大多西洋建筑却是出自中国人自己的选择与设计，是以中国人眼中的"欧式"建筑标准进行设计与建造的结果。同时期的沈阳商埠地，介于两者之间，由西方建筑师或本土认可度较高的建筑师设计，本土施工团队作为技术支撑。因此，虽都为西洋式建筑，但在不同板块中却呈现出不同的风范，这一点在沈阳是十分突出的。满铁附属地的建筑一般体现为具有东洋特点的新古典主义风格；商埠地的建筑则更接近于欧洲本土的味道；而老城区的"欧式建筑"又以西洋建筑中最热烈最具标志性的片段拼凑为特征，大多数的"洋门脸""中华巴洛克"建筑都出现在这一板块之中。

所以，建筑技术的发展根据板块的不同而出现发展的不平衡，以满铁附属地最为先进，以老城区最具大众和推广力度，以商埠地最为融合和适用。

6.2.1.2　"非进化式"与"选择—加工式"发展特征

沈阳近代建筑技术的发展呈现出非线性的和非进化性的发展特点。当适宜的建筑技术传入沈阳后，并没有按照事物发展的一般规律，即先进的技术逐步取代落后的技术，而是出现新旧技术、先进与落后的技术并存的现象，特别是并不先进的技术却以广阔的市场需求和强大的生命力贯穿近代始终。所以在沈阳近代，建筑技术出现"非进化式"与"选择—加工式"的发展特点。

西方现代建筑技术在近代传入中国之前已经经过变革、进化、完善和成熟的进化过程，在进入中国建筑市场时，面对众多的成熟的建筑技术，由外国和本土建筑师的筛选而传入，在这个过程中建筑师会考虑建筑技术的适应性，适应性包含多个方面：其一，技术传入的本土适应性，再经本土化加工后的技术在本土才会有生命力；其二，技术传入时的经济支持、社会背景、政治干预等因素也会影响技术的选择。所以，被引进的建筑技术并不需要遵循当初它们在发展过程中的先后顺序，而是根据具体的需求和沈阳的实际情况而进行选择的结果。先引进的建筑比后引进的建筑更为先进的现象是普遍存在的，如在沈阳老城区砖木结构贯穿近代始终，而在满铁附属地，砖木结构随着发展逐渐被砖混和框架结构所取代，这是由于在沈阳老城区推动建筑业向前发展的是少数的达官贵人，而在百姓中流行的是最为便捷和最容易推广使用的建筑结构形式，即砖木结构。在满铁附属地有殖民地城市发展特征，建筑技术同日本本国同步发展，所以砖木结构逐渐被砖混结构、钢筋混凝土结构逐渐取代。

6.2.2　沈阳近代建筑技术发展的典型性特征

6.2.2.1　以三角形木屋架为先导的力学引入

虽然中国传统建筑的许多方面都体现了传统工匠对建筑受力的敏感以及合理的力学体系，但这些都是经验的累积和感性的处理与应对，并没有具体的结构与力学的计算。传统建筑的施工构造采用的是大材大料，利用施工口诀来保证建筑的安全与坚固，特别是传统的木结构建筑，定期的维护和修缮是延长其使用年限的重要保证。近代时期，伴随着洋风建筑的传入，建筑科学体系中的建筑力学也一并传入，这不同于传统的建筑技术创造西洋的建筑样式，而是真正在西方新兴建筑材料支持下修建洋风建筑的技术保证，是近代建筑科学化的主

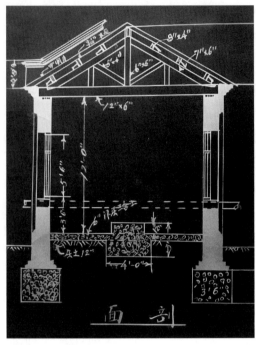

图 6-1　奉天纺纱厂青花厂剖面
图片来源：沈阳市档案馆藏

要标志。

在沈阳，力学在建筑中的推广与应用主要体现在以下几个方面：首先，是三角形木屋架体系的出现。在沈阳近代建筑中最早的力学计算应用在屋顶部分。三角形木屋架的出现，标志着近代建筑的实质性开端。用三角形屋架取代抬梁式屋架使得木材用料大大地节省、建筑跨度可以更大、屋架受力更合理，并有效地减轻了屋面的重量，三角形的木屋架构成及组合方式反映了力学在建筑中的应用。三角形木屋架利用五金件尽可能将材料的空隙减小，柱脚固定并应用斜支柱、斜撑技术以及桁架屋架使结构紧凑一体化，从而提高刚性。应用"三角形不变原理"，通过西式桁架屋架、斜支柱、斜撑的有效性来判定其牢固性，三角形木屋架的出现标志着沈阳近代建筑从技术上的一个实质性的开端。因为只有三角形木屋架取代了抬梁式屋架，才能真正解决传统建筑屋顶重量过大，柱子孤立，榫头接口与其他部分空隙大，横木和楔子固定的暂时性等一系列的结构问题，才能实现将不承重的外墙变成了承重体，外围护部分变成外围护结构，解决木材等材料本身对建筑跨度的约束和限制，为实现丰富多变的室内格局和垂直空间并且为接下来的砖混结构和钢筋混凝土结构的引入打下基础（图 6-1）。

其次，承重墙体的出现。随着砖木结构的出现，外墙变成了承重体，由外围护部分变成了外围护结构，墙体砌筑不能简单地只考虑传统防寒防暑问题，而且涉及承受屋顶荷载和自重的结构问题，那么砖墙砌筑的合理与否决定了建筑的稳定性和材料使用的合理性，这就涉及力学的计算。

再者，现代结构形式的出现。以承重墙和梁柱系统构成的砖混结构、钢筋混凝土框架结构以及多种高层建筑结构，标志着建筑技术近代化的真正实现与完成。

6.2.2.2　以工业建筑类型为代表的现代建筑技术传入

工业建筑作为西方近代工业化大生产下的新建筑类型，在我国近代建筑现代转型中最具有典型性和代表性，作为奉系军阀的政治统治中心，沈阳民族工业的发展使其成为东三省的先行者，其工业建筑的建筑技术更是体现了建筑的发展和技术的更新。日本侵占东三省后，又将沈阳发展定位为工业城市，由日本建筑师和施工队伍修建了一系列现代厂房。

沈阳近代的工业建筑中从建筑技术的角度最大的突破是解决了建筑结构与工业建筑类型对高层高、大跨度的需求关系；解决了空间分化与工艺流程之间的配套关系；而这些矛盾的解决主要体现在建筑的屋顶结构形式以及与工艺流程配套的防震、防湿、防腐、防火、耐高温等相对应的一系列技术中。

近代工业建筑因生产工艺革新变化较快，设备折旧更新加速，亦要求有更大灵活性，这些都对厂房结构提出减少柱子加大空间的要求，因此，不少先进的结构体系在工业建筑中被采用。

屋顶不论设天窗与否，其结构多暴露在室内，不另设吊顶。屋盖的选型不仅直接影响厂房内部空间组合的建筑效果，而且往往是决定厂房外部形体组合的重要因素。因此，厂房的结构体系和类型的区别主要体现在屋盖结构方面，所以它的选型常常决定了整个工业建筑的特色。

沈阳近代工业建筑的屋顶结构主要历经了桁架结构的木桁架、钢木桁架以及钢筋混凝土桁架形式。木屋架一般是方木或原木顺榫接的豪式屋架，虽然沈阳近代三角形木屋架的出现解决了传统建筑的空间跨度的局限，但由于三角形木屋架的内力分布不均匀，一般局限于跨度 18m 以内的建筑，特别是需要挂起重机或皮带轮轴的工业建筑更需要增加建筑屋顶的强度，所以沈阳近代工业建筑中木屋架适合小型甚至家庭作坊为主的小厂，而大部分的工业建筑采用的是钢木桁架结构体系。钢—木组合屋架是采用钢拉杆做屋架下弦，代替木材，避免了木材易干裂，连接不便的缺陷，提高了结构的刚度、承载力和稳定性的性能。同时，钢—木结构用钢量仅增加 $2 \sim 4 \text{kg/m}^2$，所以在沈阳近代时期的民族工业中应用广泛。如由沈阳近代影响力最大的建筑公司之一多小公司承担修建的奉天纺纱厂拣花部。

锯齿形钢—木屋顶利用垂直面开侧天窗采光，保证室内光线，同时将建筑屋面利用坡屋顶分割，适合屋面木材的需要和维护，这种屋架形式多采用三角形屋架。三角形屋架形式的采光方式另一种为直接在屋面开天窗采光，如奉天纺纱厂的青花厂（图6-1）、南满制糖株式会社制糖工厂（图6-2）等。

由于工业生产的需要，当三

图6-2　南满制糖株式会社制糖工厂
图片来源：沈阳市档案馆藏

图6-3　东北大学工厂入口
图片来源：沈阳市档案馆藏

图6-4　东北大学客货工厂
图片来源：沈阳市档案馆藏

图6-5　奉天机器局车间内
图片来源：沈阳市档案馆藏

角形砖木结构不能满足对空间跨度的需要的时候，梯形的桁架形式也适时传入。如东北大学工厂由于要满足对货车和火车的维修，所以对建筑的空间有较高要求，屋顶桁架采用的是能够创造大跨度的梯形屋面（图6-3、图6-4）。奉天机器局（图6-5），为了提供机械化生产空间，机器局采用了梯形桁架。梯形屋架自重大，刚度好，适用于重型、高温并且适合采用横向天窗的厂房。

工业建筑的发展成为其他建筑类型与材料近代化以及现代主义风格进入沈阳的源头与桥梁。

6.2.2.3　以适应地域气候环境为主导的建筑设备近代化

沈阳近代时期，国外先进建筑设备引入和技术革新的前提以适应地域性气候环境为主导。如在满铁附属地内的典型住宅形式——满铁社宅，一改日式木构的传统建筑形式，采用适应东北气候的墙体承重结构，以独栋式或联排式集合住宅为主，此外还有独身公寓和居住大院等少量形式的满铁社宅。住宅外部以厚重的实墙体围护，封闭性较强；而内部空间则非常流畅，除外墙与室内必须的承重墙之外，其余的墙体均采用木板条薄墙，多数房间仍旧采用日式的格子推拉门，有的可以取下，使室内空间更加连通开敞。因满铁社宅是供日本人使用的，因此内部空间显示出适合其生活习惯的日式空间特点，例如"和室"空间、"玄关"空间、"床之间"、榻榻米等。但在技术处理上，却是因地制宜，适应性变革。日本本土为湿润的海洋性气候，而沈阳为干燥的大陆性气候，为了适应这一气候特点，满铁社宅融合多种文化，进行防寒措施的探索和改进，形成了适应东北当地气候环境并具有日式特点的"满铁社宅"。在住宅的地板下设有半人高的空间，用来布置管道并便于维修，也起到了一定的防寒隔潮的效果；在采暖方式上，结合了俄国和北方当地满族民居的采暖防寒技术，以锅炉、俄式壁炉和地炕三种方式为主。俄式壁炉是日本人向俄国人学习而来的采暖方式，采用角形和夹墙形（夹在两墙中间）。其中角形散热好、效率高，放在屋内的一角不影响室内空间的使用和家具的摆放。夹墙形保温性能最好，且能两室共用。满族民居建筑中的地炕与日本人席地而坐、卧的起居习惯相符，因此在日本人侵入东北后沿袭和继承了这种采暖方式，将地炕作为解决室内采暖最有效的方法。

6.3　启示

6.3.1　针对沈阳近代建筑技术史研究的启示

对于沈阳近代建筑技术史的研究，应该将技术研究和史类研究结合，不应仅局限在技术做法本身，更应该关注其发生、发展以及演变的过程，而对于起步研究，更是希望能够厘清其来龙去脉。沈阳近代建筑技术不是自我演变的更新，而是在西方建筑技术的影响下同现代建筑技术并轨的过程。这种影响最直观地体现在传播与融合。

根据其传播的轨迹可将沈阳近代建筑技术的发展分为两条路线，一是外来建筑技术的本土化过程与结果，二是本土建筑技术的更新与变革。在这两条传播轨迹中，又客观地反映出不同传播途径与方式、传播内容以及不同的传播特点和影响。

首先，外来建筑技术的传入。在这个传播过程中沈阳呈现出多来源、多渠道、多形式的特征。现代的建筑技术主要来源于西方，但传入沈阳的来源是多方面，包括俄国、日本以及一些西方国家，这是由沈阳当时复杂的社会背景所决定的；在传播的过程中不同国籍、不同教育背景的建筑从业人员起到了至关重要的作用，他们在传播的过程中为适应本土的特性而做出不同的技术改变，这也就形成了沈阳近代建筑技术的多样性和独特性。其中包括引进一种完全不同于传统建筑的西洋建筑形式时，为适应当地的建筑材料和施工技术所必须采取的替代与改进手段；包括为获得当地社会认可，而对建筑形态或结构技术的被动改进等。

其次，本土建筑技术的革新。本土建筑技术的革新过程也是沈阳传统建筑技术的传播过程，传统建筑技术在外来文化的刺激下，解开了千年的演变轨迹，开始被迫变革，此变革的过程体现在利用本土的建筑材料与施工工艺实现新的建筑样式与类型，体现在传统的适应地域气候环境的技术做法的提升，体现在新材料传入后传统工匠利用传统施工技术的更新。在这个过程中，本土的工匠是最初的传播者，实践施工是最早的试验田。在施工过程中，为了提高工作效率和满足对建筑样式的追求，工匠们融会贯通，提升传统的建筑施工技艺，创造了很多至今仍令人叹为观止的建筑作品。随着日本建筑师的进入，科学的研究方法也随之传入，日本建筑师开始对传统的地方建筑展开调查研究，分析其建筑技术的特性，并融入新建筑的修建中，这点在建筑的取暖方式中有很好的体现。本土建筑技术的传播体现了从主观意识到科学推广的过程，体现了那些适应地域环境、经过历史长河检验的建筑技术的生命力。

建筑历史的本质在于发展和改变，而不是搬迁，所以沈阳近代建筑技术的传入也并非简单地搬迁和移植。在沿着两条路线传播过程中，更不是简单的两条平行线，而是彼此之间相互影响、交叉直至最后并轨。所以对沈阳近代建筑技术史的研究过程中也应该关注外来建筑技术传入后的本土适应性和传统建筑技术的更新与创造性发展这两个互融互通、相互影响的过程与方向。

6.3.2 针对当代建筑技术发展的启示

在大规模城市化建设和全球一体化的当代，建筑技术的传播与流动更为便捷，一个建筑项目的完成有时更是多国建筑师、工程师和多家施工团队合作的结果，所以在面对当代建筑技术的传播与发展时，我们该如何以史为鉴完成技术的传承与发展？

首先，外来建筑技术的本土化。外来建筑技术的先进与优势是以当地的技术需求为背景，经过改革创造而来，它具有一定的针对性和适应性。当外来建筑技术传入时，无论是国外的还是国内的建筑技术，都应该经历本土化改良的过程。比如当代最常用的混凝土施工技术传入沈阳后，由于地域气温影响，冬季施工就成为值得我们思考与改良的技术手段；比如代表现代建筑风格的玻璃幕墙传入沈阳后，节能与能耗技术成为值得我们再深入推敲和发展的技术需求；比如冬季取暖技术，是地热还是散热器对室内物理环境的影响更适合沈阳的人居环境……这些建筑技术都不是用"拿来主义"就可以一劳永逸、大力推广的，是应该像近代时期的建筑技术人一样，结合地域气候、环境、心理需求与社会背景做出本土化的适应性发展。

其次，本土建筑技术优势的发挥。本土建筑技术经过长期的地方应用，具有很强的本土适应性和地域性。其中不仅凝聚了建筑技术发展过程中的智慧与创造，更承载了地方文化的传承与延续。比如从传统民居的建筑技术中，值得我们借鉴的地方做法众多：东北井干房中利用当地圆木咬合搭接，外立面通过黏土填缝，形成冬暖夏凉的室内环境；朝鲜族民居的炕的取暖方式，不仅为室内提供供暖，更有效缓解了当代地热室内干燥，湿度不足的弊端。这些适合地方地域环境的技术，值得我们深入挖掘其优势，并将其充分发挥和推广。建筑材料方面，传统的建筑材料都是就地取材，避免了长途运输的费用，建筑材料的特性也更适合地方应用，在当代，为满足快速、大规模的建设需求，地方材料虽然不能保证材料的供应，但对于传统建筑材料的性能挖掘更能体现建筑的文化韵味，当代建筑师，无论是国内还是国外，都提倡地域性建筑设计原则，采用传统建筑材料装饰室内或是室外局部外表皮。可见，建筑师们重视的正是传统建筑材料承载的文化内涵。

所以，从沈阳近代建筑技术的传播与发展中，我们可以看出建筑技术人并没有全盘接受西方先进的建筑技术，而是通过吸收、消化、借鉴、融合、共生，成功完成了沈阳近代建筑技术的现代转型，作为当代建筑师，更应该懂得文化传承与发展的重要性，将建筑真正设计成不仅满足生活、工作需求的居所，更能为使用者提供心灵的慰藉和共鸣的地方。

参考文献

[1] 杨沛霆，陈昌曙，刘吉 . 科学技术论 [M]. 杭州：浙江教育出版社，1984.

[2] 杜格尔德·克里斯蒂，伊泽·英格利斯 . 奉天三十年（1883—1913）[M]. 张士尊，信丹娜，译 . 武汉：
     湖北人民出版社，2007.

[3] Tobias Faber. A Danish Architect in China [M].HongKong：Christian Mission to Buddhists，1994.

[4] 孙成德 . 奉天纪事 [M]. 沈阳：辽宁人民出版社，2009.

[5] 袁闾琨 . 沈阳历史大事年表 [M]. 沈阳：沈阳出版社，2008.

[6] 张伟，胡玉海 . 沈阳三百年史 [M]. 沈阳：辽宁大学出版社，2004.

[7] 刘迎初，吕亿环 . 沈阳百年 [M]. 沈阳：沈阳出版社，1999.

[8] 刘竟 . 沈阳城往事 [M]. 沈阳：辽宁大学出版社，2001.

[9] 许芳 . 沈阳旧影 [M]. 北京：人民美术出版社，2000.

[10] 杨学义 . 图说沈阳 [M]. 长春：吉林文史出版社，2005.

[11] 何淑华 . 品读沈阳 [M]. 沈阳：沈阳出版社，2011.

[12] 线云强 . 印象沈阳 [M]. 北京：长城出版社，2010.

[13] 张复合 . 中国近代建筑研究与保护论文集（一）[M]. 北京：清华大学出版社，1998.

[14] 张复合 . 中国近代建筑研究与保护论文集（二）[M]. 北京：清华大学出版社，2000.

[15] 陈伯超，张复合 . 中国近代建筑总览·沈阳篇 [M]. 北京：中国建筑工业出版社，1994.

[16] 陈伯超 . 沈阳城市建筑图说 [M]. 北京：机械工业出版社，2011.

[17] 陈伯超 . 沈阳都市中的历史建筑汇录 [M]. 南京：东南大学出版社，2010.

[18] 包慕萍 . 沈阳近代建筑的演变和特征 1858—1948[D]. 上海：同济大学图书馆，1994.

[19] 丹·克鲁克香克 . 弗莱彻建筑史 [M]. 郑时龄，译 . 北京：知识产权出版社，2011.

[20] 村松贞次郎 . 日本近代建筑技术史 [M]. 东京：彰国社，1976.

[21] 中国科学院自然科学史研究所 . 中国古代建筑技术史 [M]. 北京：科学出版社，1984.

[22] 石四军 . 古建筑营造技术细部图解 [M]. 沈阳：辽宁科学技术出版社，2010.

[23] 赖德霖 . 从宏观的叙述到个案的追问：近 15 年中国近代建筑史研究评述 [J]. 建筑学报，2002（6）：
     67-69.

[24] 沙永杰 ."西化"的历程：中日建筑近代化过程比较研究 [M]. 上海：上海科学技术出版社，2001.

[25] 李海清 . 中国建筑现代转型 [M]. 南京：东南大学出版社，2004.

[26] 邓庆坦 . 中国近、现代建筑历史整合研究论纲 [M]. 北京：中国建筑工业出版社，2008.

[27] 潘谷西 . 中国建筑史 [M]. 北京：中国建筑工业出版社，2015.

[28] 刘先觉，杨维菊 . 建筑技术在南京近代建筑发展中的作用 [J]. 建筑学报，1996（11）：40-42.

[29] 吴尧.澳门近代晚期建筑转型研究 [D].南京：东南大学，2004.

[30] 彭长歆.广州近代建筑结构技术的发展概况 [J].建筑科学，2008（3）：144-149.

[31] 王昕.江苏近代建筑文化研究 [D].南京：东南大学，2006.

[32] 王秀静.山西近代建筑技术的探讨 [J].建材技术与应用，2009（10）：18-20.

[33] 符英.西安近代建筑研究（1840—1949）[D].西安：西安建筑科技大学，2010.

[34] 张复合.中国近代建筑研究与保护（七）[M].北京：清华大学出版社，2010.

[35] 汪坦，张复合.第五次中国近代建筑史研究讨论会论文集 [M].北京：中国建筑工业出版社，1998.

[36] 王琨.民国时期上海华人营造业群体研究 [D].上海：上海师范大学，2011.

[37] 包杰，姜涌，李华东.中国近代以来建筑教育中技术课程的比重研究 [J].建筑学报，2009（3）：82-85.

[38] 陈志宏.闽南侨乡近代地域性建筑研究 [D].天津：天津大学，2004.

[39] 陈伯超.张氏帅府：沈阳近代建筑发展的缩影 [J].城市建筑，2010（12）：108-110.

[40] 薛林平，石玉.中国近代火车站之沈阳老北站研究 [J].华中建筑，2011，29（10）：111-115.

[41] 汝军红.历史建筑保护导则与保护技术研究 [D].天津：天津大学，2007.

[42] 朱松，吕海平，冬利，汝军红.沈阳近代满铁社宅的防寒措施 [J].沈阳建筑工程学院学报，1997（3）：18-23.

[43] 吕海平，朱光亚.另类的现代性：沈阳近代本土工匠和设计师的图纸以及建筑设计表达 [J].华中建筑，2010，28（6）：140-145.

[44] 吕海平，倪览墅，张旸.沈阳近代建筑技术人注册制度初探 [J].建筑史，2012（3）：164-171.

[45] 熊澄宇.传播学十大经典解读 [J].清华大学学报（哲学社会科学版），2003（5）：23-37.

[46] 林惠祥.文化人类学 [M].北京中国出版集团商务印书馆，2011.

[47] 桂慕文.人类社会协同论 [M].江西人民出版社，2001.

[48] 山口淑子，藤原作弥.李香兰：我的前半生 [M].北京：解放军出版社，1989.

[49] 沈阳市人民政府地方志编纂办公室.沈阳地方志资料丛刊 [M].沈阳：1985.

[50] 金毓绂.张作霖别传 [M]// 政协吉林省文史资料编辑委员会.吉林文史资料：第4辑.长春：吉林人民出版社，1983.

[51] 张志强.沈阳城市史 [M].大连：东北财经大学出版社，1993.

[52] 陈秋杰.西伯利亚大铁路修建及其影响研究 [D].长春：东北师范大学，2011.

[53] 石其金.沈阳市建筑业志 [M].北京：中国建筑工业出版社，1992.

[54] 钱峰.现代建筑教育在中国（1920—1980s）[D].上海：同济大学，2005.